鹿児島大学島嶼研ブックレット

TOUSHOKEN BOOKLET

鹿児島の果樹園芸

―南北六〇〇キロメートルの多様な気象条件下で―

冨永 茂人 著
TOMINAGA Shigeto

●目次●

鹿児島の果樹園芸
―南北六〇〇キロメートルの多様な気象条件下で―

Fruit Production in Kagoshima—Under various weather conditions stretching about 600 km north and south

TOMINAGA Shigeto

I　はじめに

「果樹」とは、生食用になる果実、すなわち「くだもの」をつける樹木をさす。樹木ではないが、バナナ、パイナップル、パッションフルーツなども「果樹」に入れられる場合が多い。多くの「果樹」は木本性作物であり、通常、植え付けてから開花・結実するまでに長年を要する。すなわち、果樹は枝葉の生長である栄養成長を毎年繰り返しながら大きくなり、一方では、開花・結実、果実の発育・成熟という生殖成長を毎年繰り返す「多回結実性作物」（図1）であることから栄

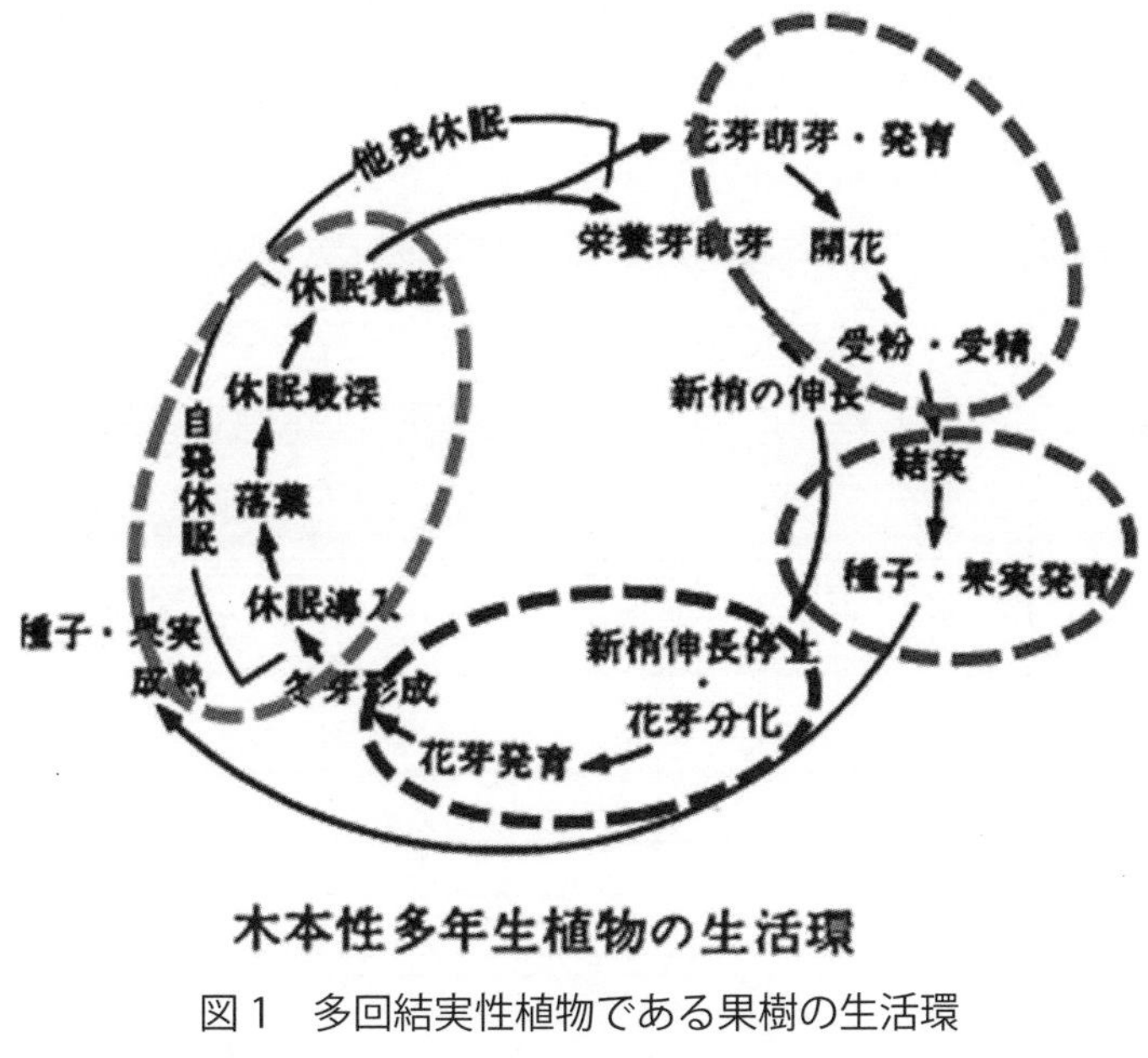

木本性多年生植物の生活環

図１　多回結実性植物である果樹の生活環
（毎年、枝葉の成長を行い、また開花・結実・果実の発育も毎年繰り返す）

養成長と生殖成長のバランスを取ることが、長年にわたって、毎年高品質果実を生産するためには必須である。従って、「果樹」を栽培する場合には気温、降雨、日照条件などが適した場所に植え付けること、すなわち「適地適作」が肝要である。イネ・麦・野菜などの種子繁殖作物とは異なり、果樹の種子繁殖は台木の育成や新品種の育種などに限られ、一般的には接ぎ木、挿し木、取り木、株分けなどの栄養繁殖が主体である。さらに、果実は花の雌しべの子房あるいはその周囲の組織が肥大・成熟したものであり、被子植物では子房（果実）の中に種子（雌しべの子房内の胚珠に存在する卵核に雄しべの花粉からきた精核が受精してできた受精胚が発育したもの）を含む（なお、マツ、ソテツ、イチョウのような裸子植物では種子は通常雌しべの表面にむき出しの状態で存在している）。従って、開花後結実し、果実が肥大・発育・成熟するためには種子(1)の存在は必須であり、果樹を正常に発芽・開花させ、受粉・受精を行わせることは重要である。

果樹は、人為（園芸学）的分類（人が利用する視点からの分類、その他に植物学的分類がある）では、リンゴ、ナシ、ブドウなど温帯性落葉果樹、カンキツやオリーブなどのような亜熱帯性常緑果樹（亜熱帯果樹）およびマンゴー、パパイヤ、バナナ、アボカドなどのような熱帯性常緑果樹（熱帯果樹）に大別される（表1）。この区別は温度適応性による分類であり、四季が明確で冬季が低温で厳しい環境になる温帯原産の「温帯性落葉果樹」では秋冬季に「休眠(2)」という

表1　果樹の人為（園芸学的）分類

I. 温帯果樹（落葉性）	
1. 高木性果樹	
(1) 仁果類	リンゴ、ナシ、メドラー、マルメロ、カリン
(2) 核果類	モモ、オウトウ、ウメ、スモモ、アンズ
(3) 堅果類	クリ、クルミ、ペカン、アーモンド
(4) その他	カキ、イチジク、ザクロ、ナツメ、ポポー
2. 低木性果樹	
(1) スグリ類	スグリ、フサスグリ
(2) キイチゴ類	ラズベリー、ブラックベリー、デューベリー
(3) コケモモ類	ブルーベリー、クランベリー
(4) その他	ユスラウメ、グミ
3. つる性果樹	ブドウ、キウイフルーツ
II. 亜熱帯果樹（常緑性）	カンキツ、ビワ、オリーブ、ヤマモモ
III. 熱帯果樹（常緑性）	マンゴー、マンゴスチン、レイシ、リュウガン、バンジロウ、ゴレンシ、アボカド、ドリアン、ナツメヤシ、ココヤシ、カシュウ、マカダミア、バナナ、パイナップル、パパイヤ、パッションフルーツ

（岩政正男、1978）

現象が認められ、一定時間以上の低温に遭遇しないと正常に発芽・開花しない。一方、亜熱帯果樹と熱帯果樹は、亜熱帯～熱帯地域の原産で、秋冬季に落葉せず、耐寒性が低い常緑樹であり、明確な休眠を示さず、特に熱帯果樹は乾期から雨期になったときに発芽し、その後開花する場合がほとんどである。

このような耐寒性あるいは休眠と低温覚醒の必要性の有無によって、果樹の栽培適地は大きく異なり、温帯性落葉果樹は九州以北での栽培が多く、亜熱帯果樹および熱帯果樹は九州以南や加温ハウス栽培が多い。そして、後述するように鹿児島県は南北の気象条件（特に、気温）が異なるために、我が国の中でも温帯性落葉果樹から熱帯・亜熱帯果樹まで多様な果樹が栽培されている。

（1）私たちが果物屋などで購入する果実には種子が無いものもあるが、これは栽培植物にしか見られない現象であり、この性質を単為結果性（単為結果性については後段に注釈）という。

（2）植物の「休眠」は、種子、胞子、芽などにみられ、温帯性・落葉果樹の休眠は芽の休眠であり、冬季の不良環境に適応するために必須である。温帯性落葉果樹の「休眠」は夏秋期に昼間が短くなり気温の低下によって導入され、落葉し、最深期になると発芽しない。「休眠」の覚醒は低温に一定時間遭遇する（低温要求量、Chilling requirement）ことによっておこり、春季になって気温が上昇すると発芽し、その後開花する。休眠の覚醒が不十分であると発芽・開花不良を引き起こす。「休眠」には、自発休眠（rest）とその後の他発休眠（dormancy）があり、自発休眠は発芽に適した環境条件になっても発芽しない。他発休眠は自発休眠が覚醒した後も発芽に適した環境条件にならない時に見られる。

Ⅱ 鹿児島の地理と気象条件

鹿児島県は、北緯三二度にある伊佐・出水地域から北緯二七度の与論島まで南北に六〇〇キロメートルの距離がある。しかも二〇〇以上の島々（うち二六は有人島）が南北に列島として連続している。なお、鹿児島県の北緯三一度以南の島々は大隅諸島、トカラ列島および大島群島に区分けされることが多い（図2）。このような地理により鹿児島県内各地域の気象条件は非常に多様である。月別の平均気温は図3に示したように、六〜九月の夏季の気温は南北での差異はそれ

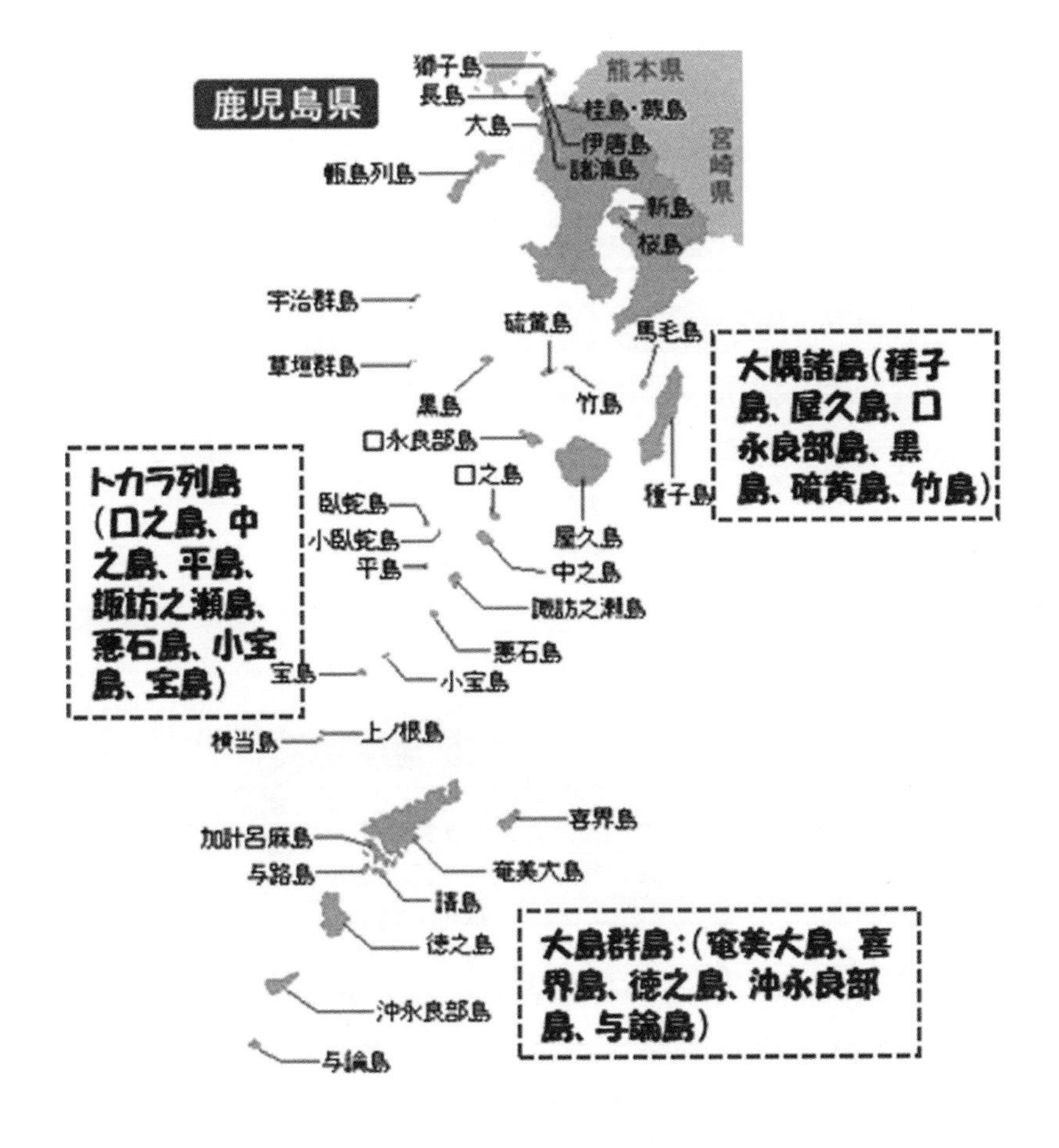

図２　鹿児島県の島々（「日本の島へ行こう」
http://imagic.qee.jp/sima4/kagosima/kagosima.html から引用、改変）

ほど大きくないが、一〇～四月の秋冬・春季の気温の地域差は極めて大きく、一月の平均気温は伊佐市の五度以下から与論町の一六度以上と一〇度以上の差があり、南から北上するにつれて月平均気温は徐々に高くなっている。このような平均気温の地域差が大きいことが鹿児島県気象条件の大きな特徴である(3)。

降雨量をみると（図4）、いずれの地域でも六月の梅雨の降雨量が多いが、特に屋久島の降雨量が多く、年間四五〇〇ミリメートルにも上っている。次いで奄美大島（名瀬市）で約三〇〇〇ミリメートルであり、与論島では二〇〇〇ミリメートル以下と少ない。このように、降雨量は比較的高い山地を持つ島々では多く、その他の隆起珊瑚礁からなる島々では一五〇〇ミリメートル前後と少

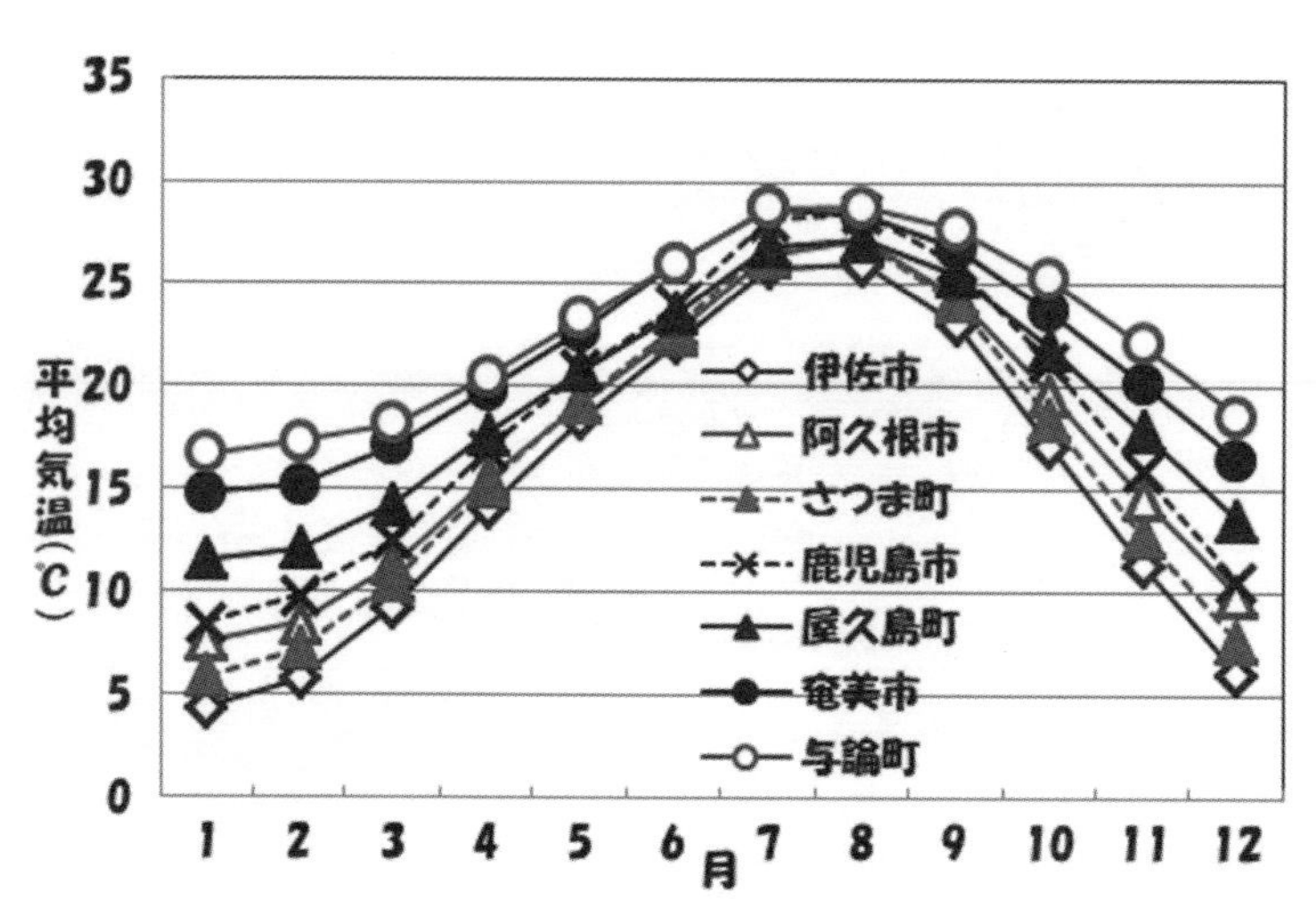

図3　鹿児島県における地域別の月別平均気温

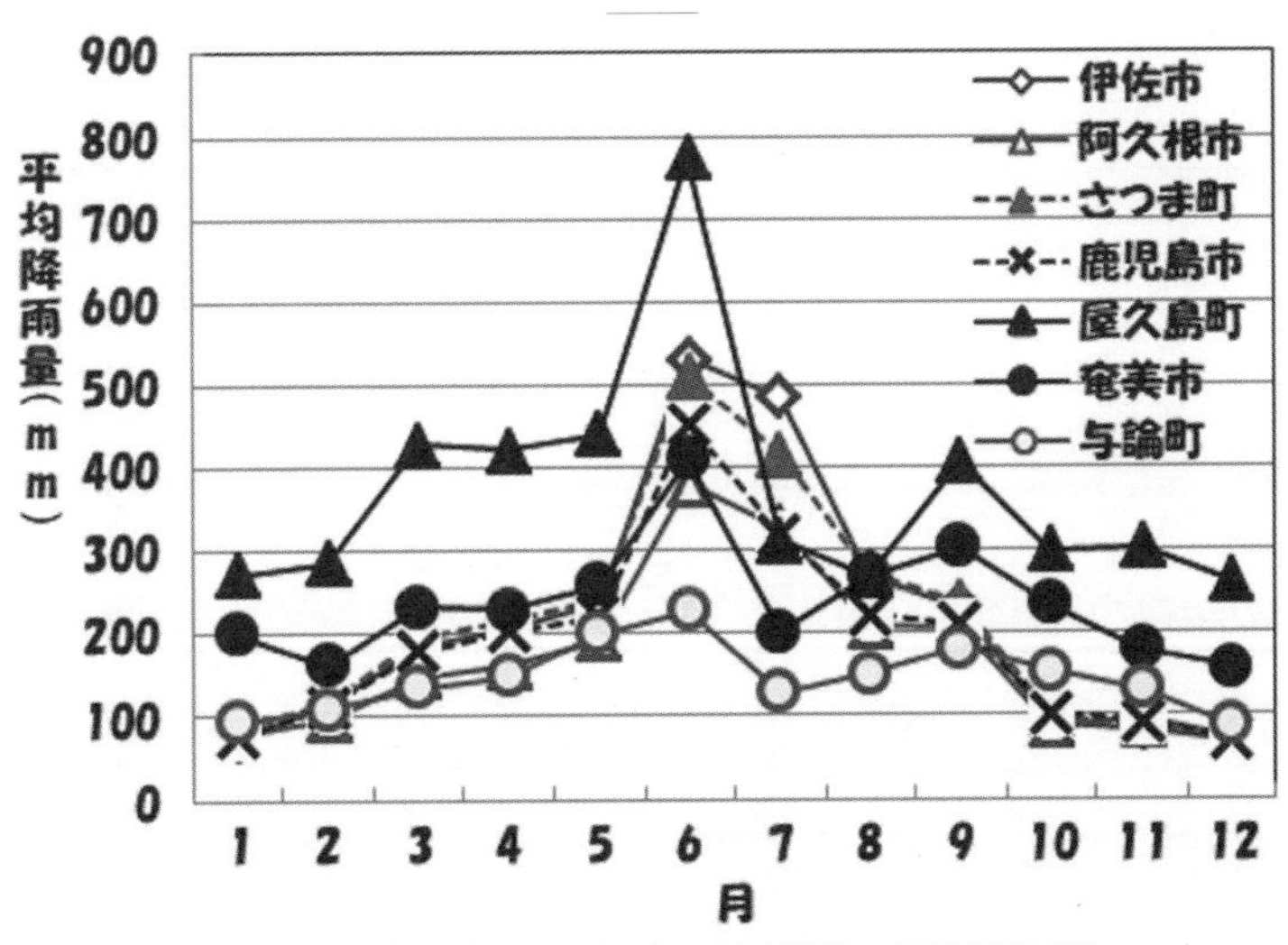

図４　鹿児島県における地域別の月別降雨量

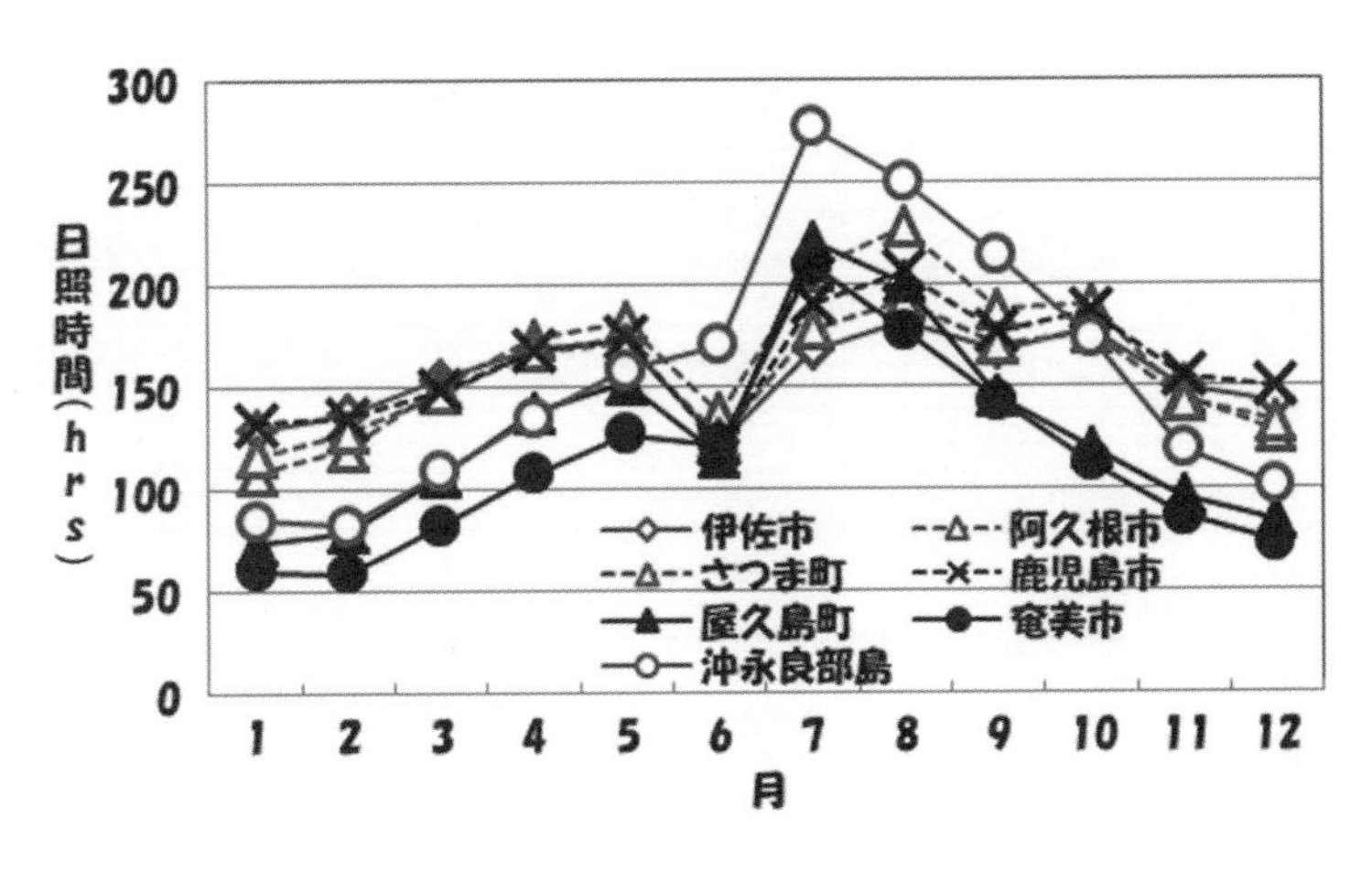

図５　鹿児島県における地域別の月別日照時間

なく、夏季には干ばつの被害を受ける年もある。

　年間の日照時間（図５）は、降雨が多い奄美大島と徳之島では約一五〇〇時間と低日照であり、それ以外の島や地域では二〇〇〇時間以上と長い。

　島嶼部では、年間を通して風が強く、年間平均風速は五メートル以上である（鹿児島は二〜三メートル）。島間を比較すると、強い順に与論島、沖永良部島、徳之島、奄美大島となっている（図６）。

⑶ 日本列島の南西、約一〇〇〇キロメートルにわたって連なる奄美諸島、沖縄諸島などからなるこれらの島々は、昔は中国大陸と陸続きであり、その後の気候の温暖化や地殻変動によって琉球列島の大部分が海面下に没して列島になったと言われる。その際に、標高が高くで海上に残った島（奄美大島、徳之島、沖縄島、

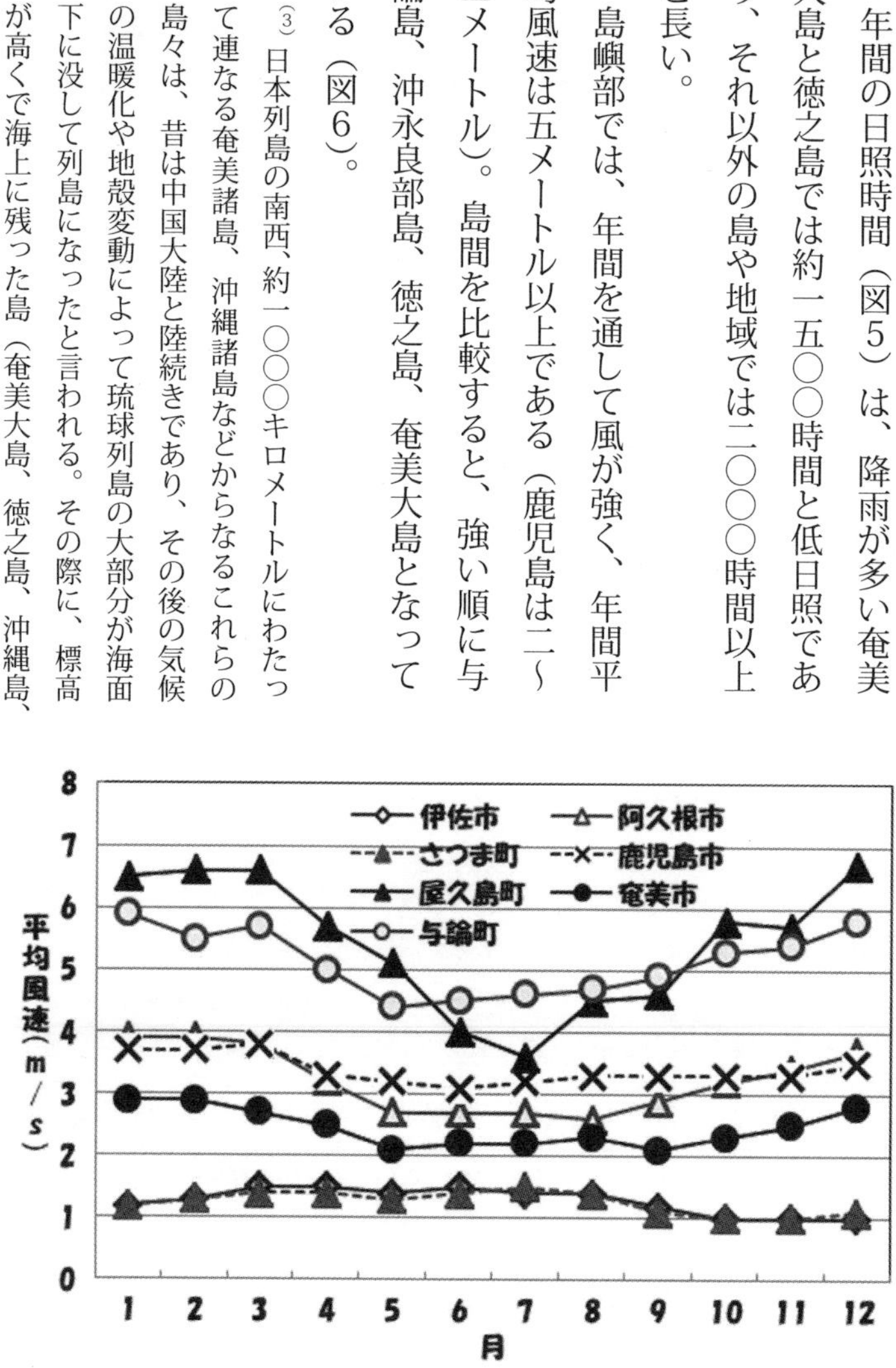

図６　鹿児島県における地域別の月別平均風速

石垣島、西表島など）と隆起珊瑚礁の島（沖永良部島、与論島、宮古島、与那国島など）からなり、大陸系の固有種の動植物と連続した変異を示す動植物がいる生物多様性を生んだといわれる。しかしながら、琉球列島は南北で動植物相が異なる生物分布境界線として「渡瀬線」がトカラ列島の悪石島と宝島の間にひかれており、この線のすぐ南側にある奄美諸島ではアマミノクロウサギ、ルリカケスなどの固有種が知られ、それ以北の動物相とは非常に異なる。一方では、本土から屋久島、奄美大島まで分布する種もあれば、沖縄島まで分布するものもある。

Ⅲ　鹿児島県における果樹栽培の特徴

Ⅱで述べたように鹿児島県の気象条件は南北で大きく異なる。特に、秋冬季の気温の差が南北で大きいことから、冬季の低温で寒害を受ける常緑果樹、亜熱帯果樹および熱帯果樹の露地での栽培は内陸部や北部での栽培は不可能である。一方、秋冬季に落葉し、冬季の不良環境に対して休眠で適応している温帯性落葉果樹の栽培は鹿児島県南部〜島嶼部においては、秋冬季の気温の低下が小さく、十分な休眠状態にならなかったり、休眠覚醒に必要な低温要求量の不足のために正常に発芽・開花しない年が多く、栽培は困難である。低温要求量の基準は七・二度（華氏四五度）以下の気温の遭遇時間であり、鹿児島県における七・二度以下の積算時間を示したものが図7で

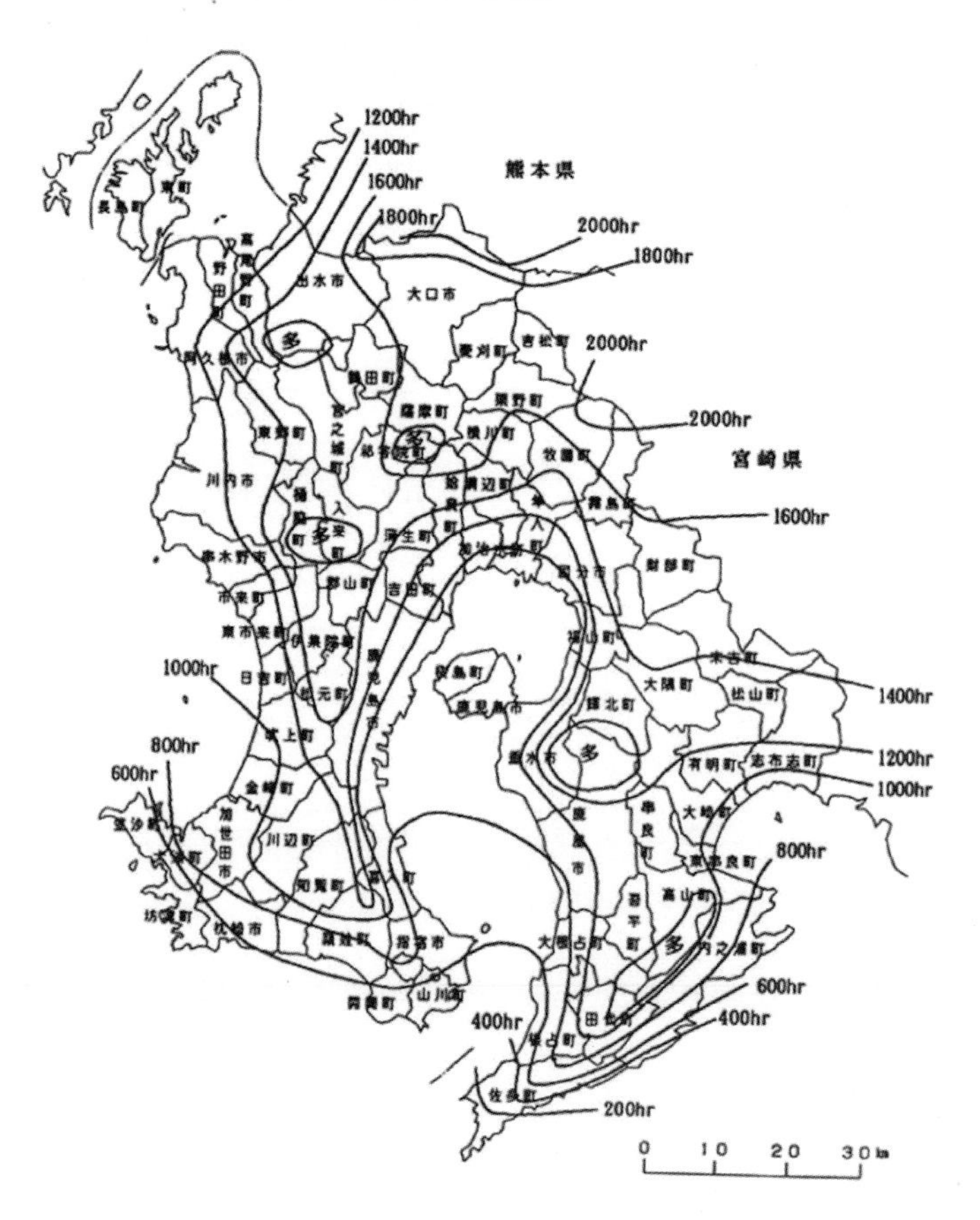

図７　鹿児島県における 7.2℃以下の積算時間

ある。

上記のようなわが国で最も多様性に富む気象条件示す鹿児島県においては、ナシ、ブドウ、カキ、ウメなどの落葉果樹の栽培が可能な地域と比較して休眠覚醒に必要な低温が不足するために温帯性落葉果樹の栽培が困難である。亜熱帯果樹に分類されるカンキツ類やビワの栽培が主体の地域やカンキツ類の内ウンシュウミカンなどの栽培には秋冬季が温暖に過ぎ、温度要求量の高いタンカンやポンカンおよび熱帯・亜熱帯果樹の栽培が主体である地域まで存在する。このように、鹿児島県においては他県に比べて、栽培可能な果樹の種類が大きく異なり、特徴的である（図8）。

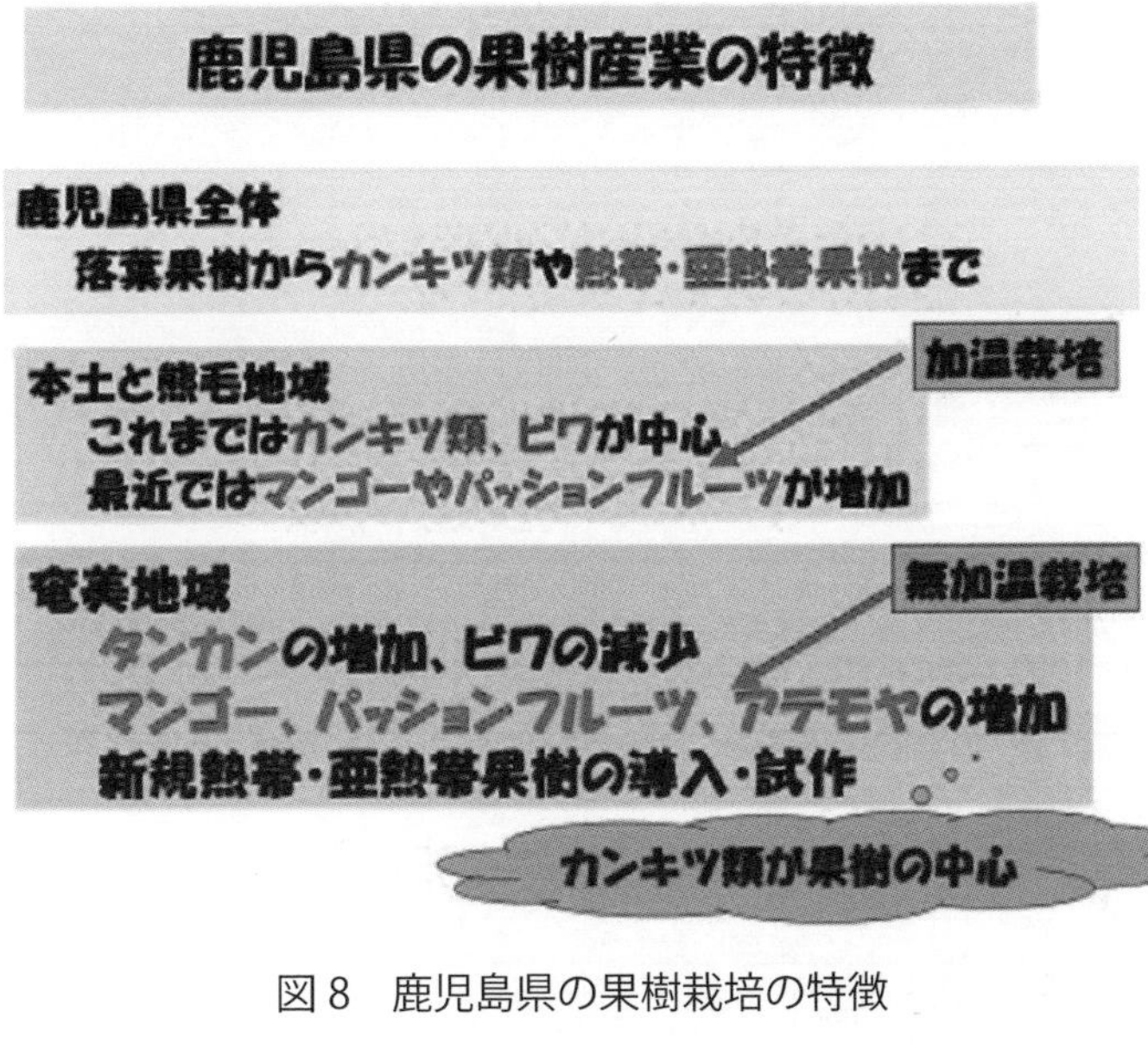

図８　鹿児島県の果樹栽培の特徴

1　わが国の果樹生産と鹿児島の果樹生産

わが国における果樹の栽培面積は昭和三六年の農業基本法の「果樹農業振興特別措置法」により園芸作物とりわけカンキツ類が選択的拡大作物として指定されてからカンキツ類の栽培拡大が急速に進んだ。先述のように果樹類は永年性の多回結実性作物であり毎年枝葉を生長させ、樹体が大きくなりながら同時に開花結実を繰り返すことから、生産量は加速度的に増加し、昭和四六年前後にはウンシュウミカンで生産量が三五〇万トンを超えて価格の暴落が始まり、その後も価格の低迷は続いた。さらに、多様な輸入果実の増加、イチゴのような野菜的果実の生産・供給拡大およびお菓子類（スイーツ）や茶系飲料の増加等により果物（果実）の消費量は大幅に減少し、現在わが国の年間の一人あたり果実消費量は、平成二一年度で三九・三キログラムと四〇キログラムを切っている。それに伴って、わが国の果樹生産も、特にウンシュウミカンを中心にして、終始減少し、平成二七年の収穫量は約二七〇万トンになった。（図９）。一方では、わが国の消費者にも本物志向が定着し、輸入ものよりも国産果実を求める声が高まり、多様な熱帯果樹の栽培が始まっている。

鹿児島県の果樹栽培についても、同様の傾向で減少した。昭和五〇年には約一万ヘクタールで

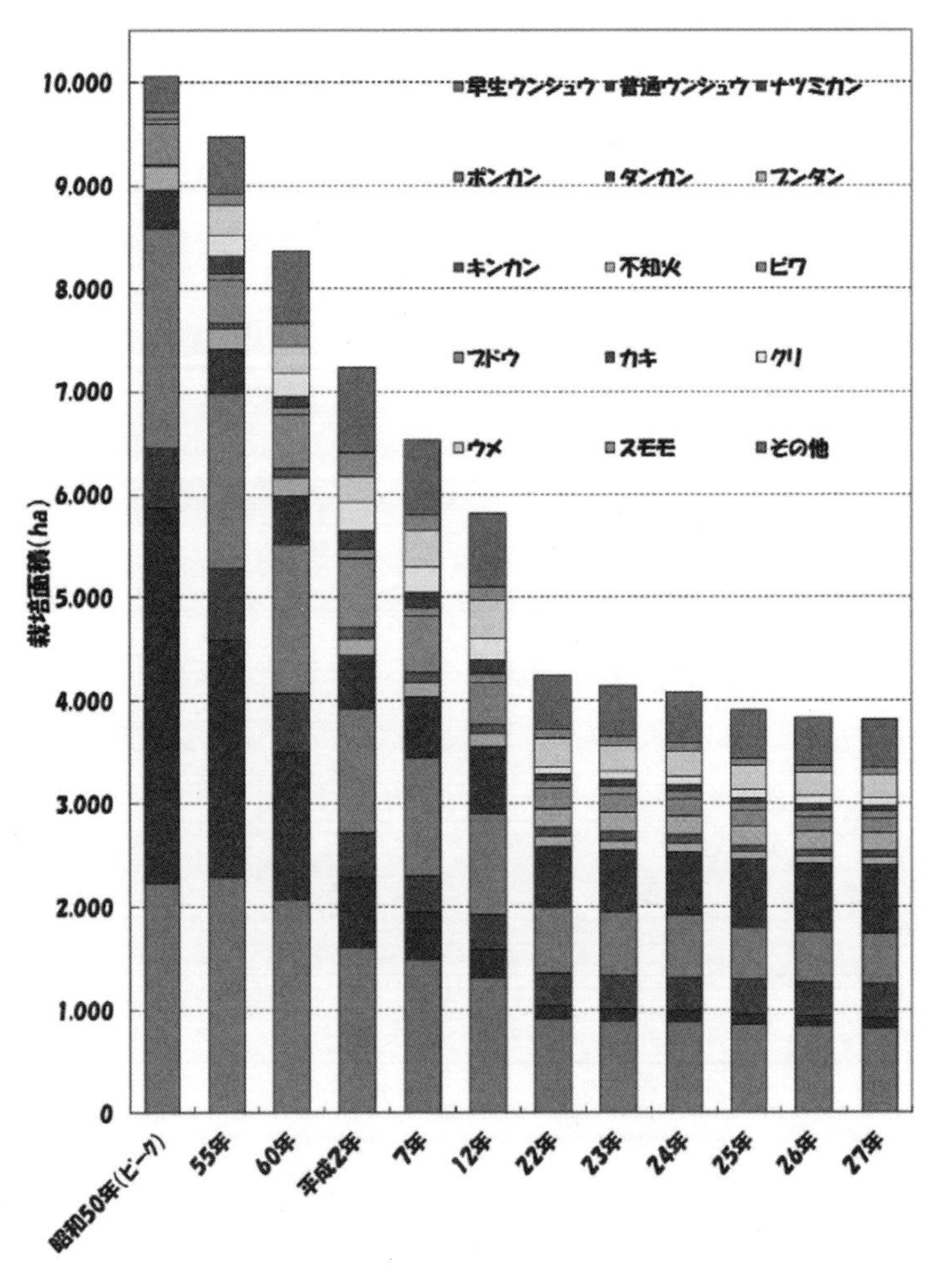

図 9　わが国の果樹種類別栽培面積の推移（昭和 50 年〜平成 27 年）

あった栽培面積は平成二三年には四一五〇ヘクタールまで減少した。タンカンと落葉果樹を除く、ほとんどの果樹で栽培面積が減少したが、鹿児島県においてもウンシュウミカンの減少が最も大きく、平成二三年には昭和五〇年の五分の一以下に減少した（図10）。

2　鹿児島県で栽培されている果樹

先述したように鹿児島県は南北に六〇〇キロメートルの距離があり、気象条件も多様なことから、北部では温帯性落葉果樹、南部から島嶼域においては亜熱帯性常緑果樹や熱帯果樹まで多様な果樹の栽培が可能である。

鹿児島県で最も多く栽培されている果樹はウンシュウミカンであり、鹿児島県全域で約一〇〇〇

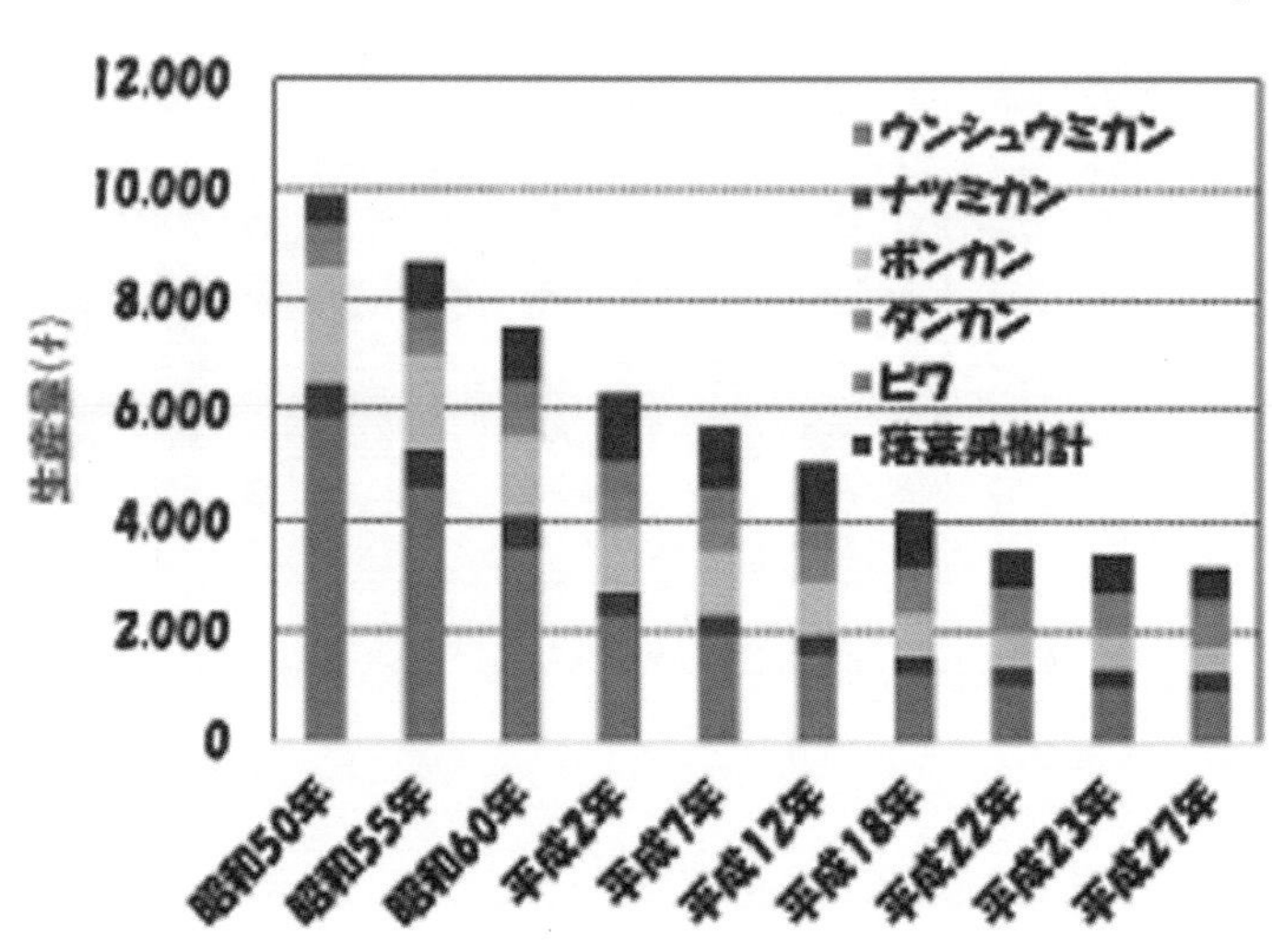

図 10　鹿児島県の果樹種類別生産量の推移（昭和 50 年～平成 27 年）

ヘクタールの栽培面積がある。次いで、タンカン(六二三ヘクタール)、ポンカン(六二二ヘクタール)、ナツミカン(三二〇ヘクタール)、ビワ(一八一ヘクタール)の順である。これらのうち、ビワ以外のカンキツ類の栽培面積が全果樹栽培面積の四分の三以上を占め、またそれらの主産地は出水地域である(図11)。

出水地域で最も多く栽培されているカンキツ類はウンシュウミカンであり、次いでナツミカン、デコポン、ブンタンの順である。常緑果樹の栽培は出水地域の次に熊毛地域、奄美地域、南薩地域の順に多い。熊毛地域ではタンカンが最も多く、次いでポンカンであり、奄美地域ではタンカンが最も多く、次いでスモモ、ポンカン、マンゴー、パッションフルーツの順である。南薩地域ではポンカンウンシュウミカン、キンカン、タンカンの順である。その他、大隅地域、鹿児島

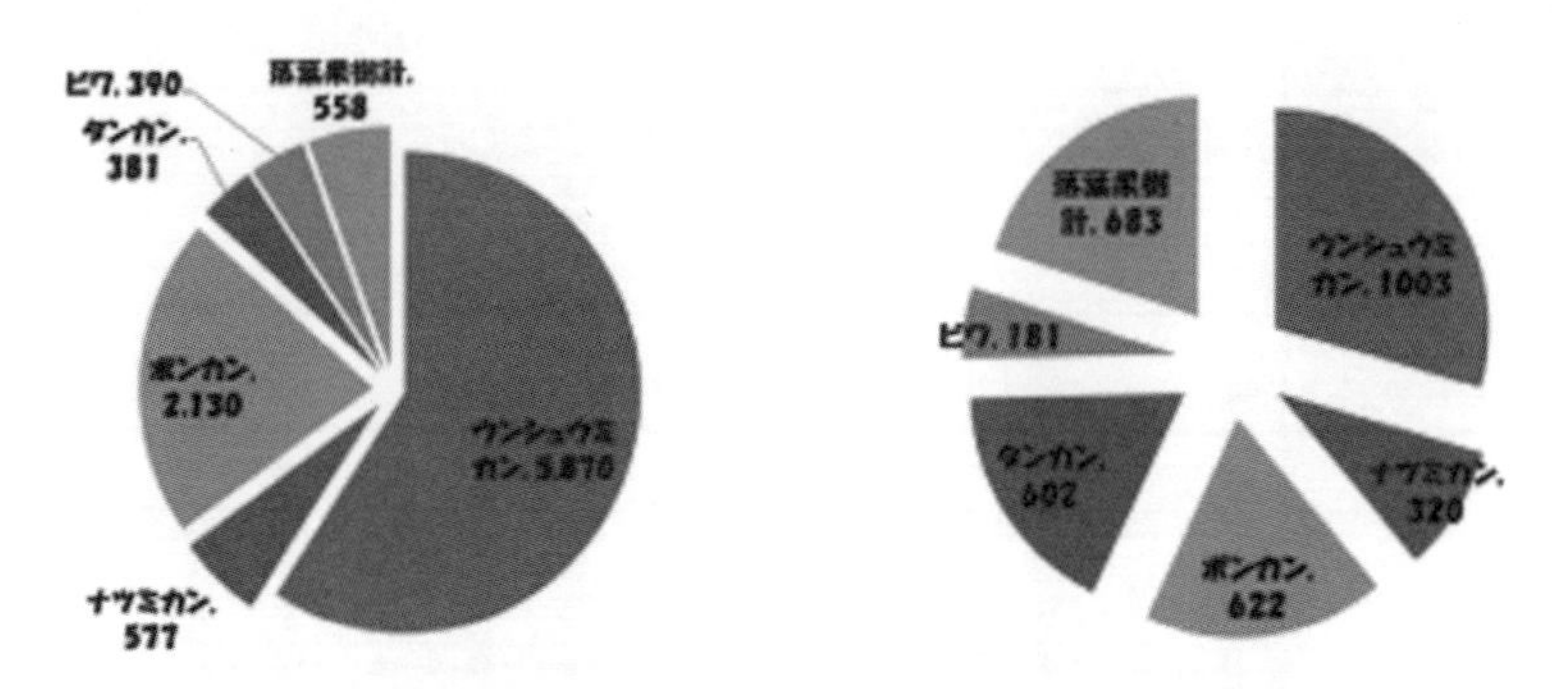

図11　鹿児島県における果樹種類別栽培面積の推移
(左：昭和50年、右：平成27年)

地域、日置地域および川薩地域での果樹栽培が多いが、大隅地域ではポンカン、タンカン、ビワ、鹿児島地域ではビワ、ウンシュウミカン、日置地域ではウンシュウミカンとポンカンという常緑果樹の栽培がほとんどである。一方、川薩地域はこれらの地域より内陸部に位置するため、ウンシュウミカンと落葉果樹のウメ、ブドウ、ナシの栽培が多く、特徴的である。落葉性温帯果樹の栽培は内陸および北部地域に多く、ウメ、ブドウ、ナシ、カキを中心に、川薩地域の他、姶良地域、大隅地域に比較的多い。落葉果樹のうち、熱帯性スモモ「ガラリ」は奄美大島に特徴的に多い（図12）。

常緑性熱帯果樹の栽培面積は鹿児島県全体でも約一〇〇ヘクタールしかないが、輸入果実に代わる「本物志向」の盛り上がりから、歴史的にみて、露地栽

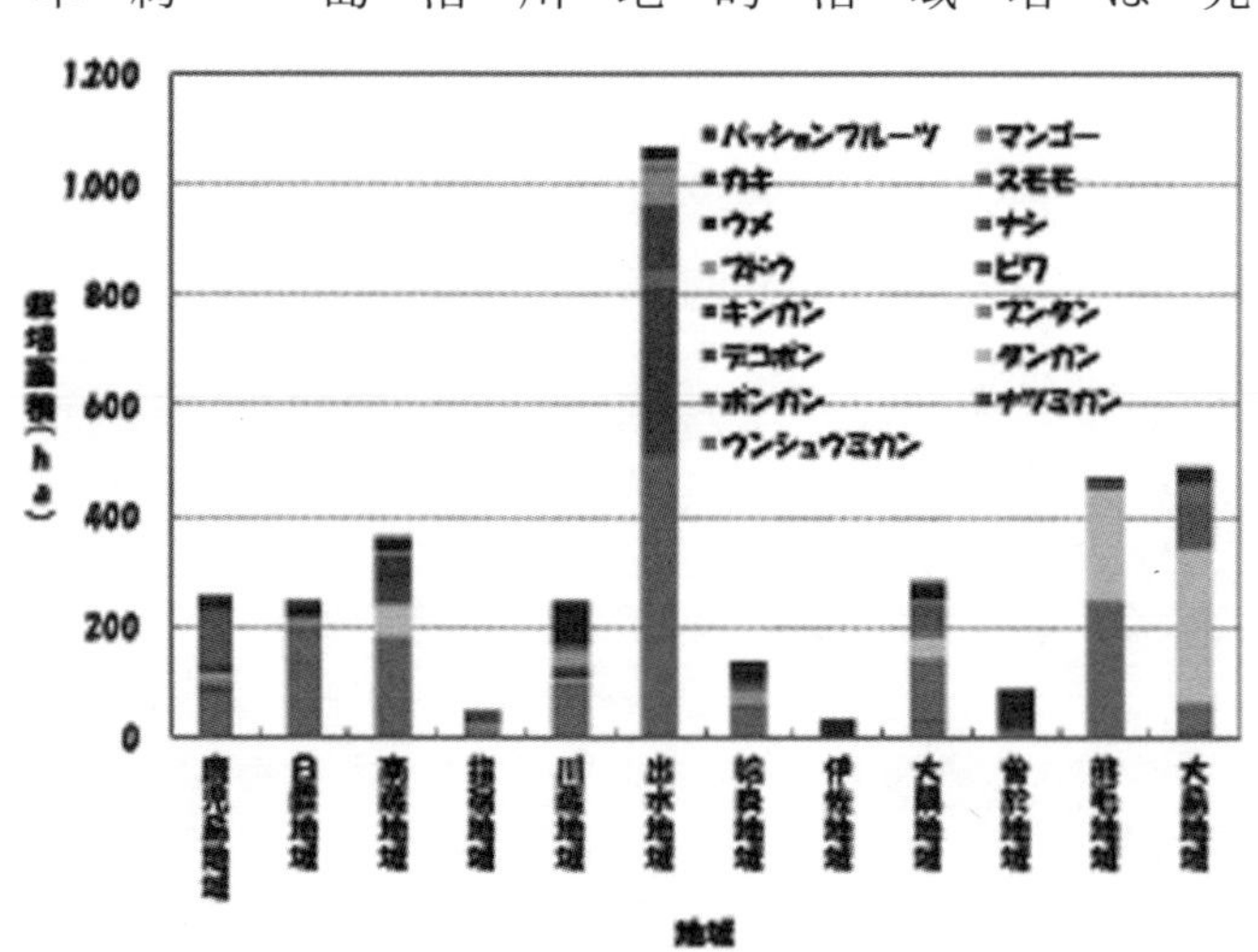

図 12　鹿児島県内各地域の果樹種類別栽培面積（平成 24 年）

表 2　鹿児島県における熱帯・亜熱帯果樹の生産状況（平成 26 年）

	栽培面積(ha)・生産量(ton)	マンゴー	パッションフルーツ	バナナ	パパイヤ	ピタヤ	アテモヤ
鹿児島県	面積（県計）	65.3	38.2	22.7	16.8	10.0	3.0
	生産量	445.8	260.1	71.9	26.1	33.8	5.3
奄美群島	面積（奄美）	45.1	24.2	15.5	16.4	8.5	2.3
	面積比/県（%）	69.1	63.4	68.3	97.6	85.0	76.7

	栽培面積(ha)・生産量(ton)	ライチ	グアバ	ゴレンシ	パイナップル	スモモ（ガラリ）
鹿児島県	面積（県計）	2.1	0.8	0.1	2.3	73.6
	生産量	8.2	3.5	1.0	9.8	217.7
奄美群島	面積（奄美）	0.0	0.7	0.0	2.1	66.9
	面積比/県（%）	0.0	87.5	0.0	91.3	90.9

（果樹生産統計資料、鹿児島県農政部）

培では鹿児島県南部から奄美地域での導入試作が行われてきた。なお、加温ハウス栽培では島嶼部以外での栽培も行われているが重油価格の高騰などにより、無加温ハウスなどを利用して奄美地域での栽培が増加している。鹿児島県内で栽培されている常緑性熱帯果樹はパッションフルーツ、マンゴーが最も多く、その他パパイヤ、ドラゴンフルーツ（ピタヤ）などの栽培が徐々に増加している（図13、表2）。

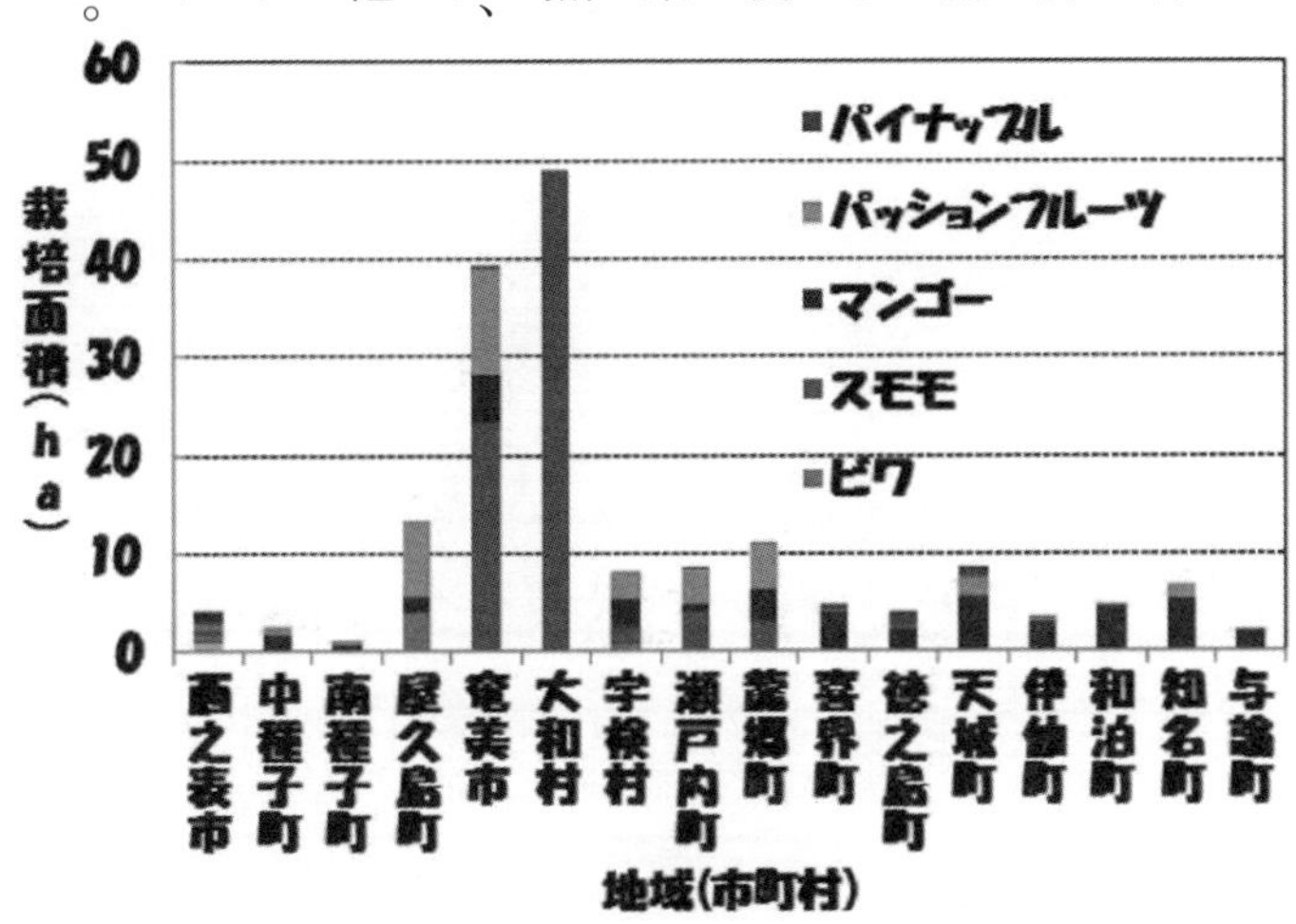

図 13　常緑性亜熱帯果樹の島嶼・市町村別栽培面積（平成 24 年）

Ⅳ　鹿児島県で栽培されている果樹の解説

【温帯性落葉果樹】

先述したように、短日・低温で落葉し秋冬季を落葉した休眠状態で過ごす。落葉した芽が翌春発芽・開花するためには一定時間の低温に遭遇する必要がある。従って、これらの温帯性落葉果樹は、奄美大島で栽培されている台湾原産のガラリ（花螺李）を除いて、主に内陸および北部地域で栽培されている。また、最近の地球温暖化の進行により、これまで栽培されてきた地域での栽培が困難になってきている。（図14）

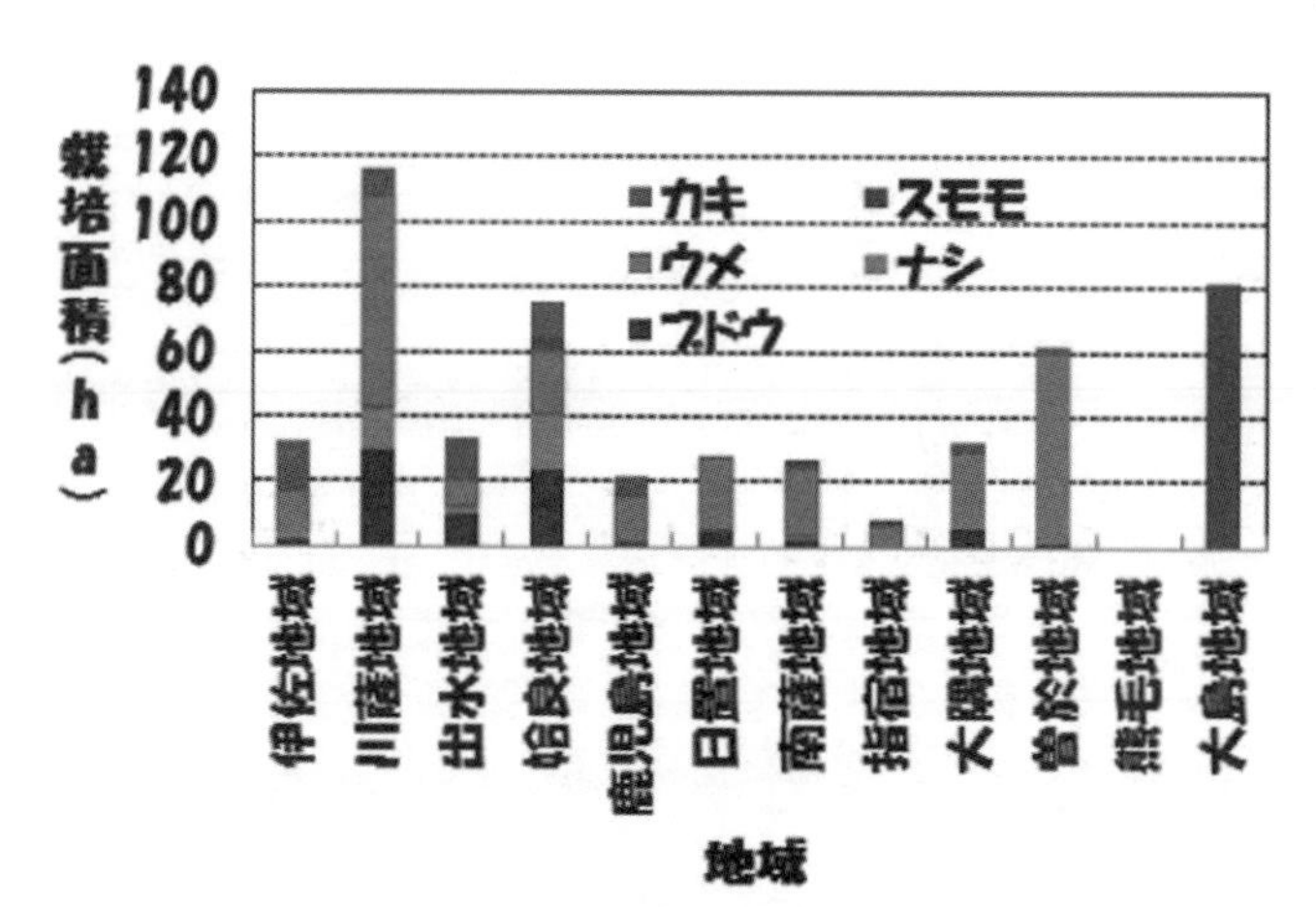

図14　鹿児島県内の落葉果樹地域別栽培面積（平成24年）

1　ウメ（*Prunus mume* SIEB. 写真1）

中国の湖北省や四川省あたりが原産と推定されるバラ科サクラ属のウメは、相当昔に日本に入ってきたもので、日本にも野生のものが見られる。ウメは自家不和合性（4）が強い果樹で結実安定のためには受粉樹の混植が必要である。ウメは果樹の中でも最も開花が早く、鹿児島では一月に開花する事も多い。開花が早い年は、不完全花が多かったり、幼果が寒害を受ける危険性が高い。鹿児島でのウメの主要品種は「南高」（和歌山県原産）（5）であり、その受粉樹としては、「南高」より開花期がやや遅れ、花粉量が多い「小粒南高」が用いられる場合が多い。しかし、近年の温暖化により「小粒南高」

写真1　ウメ
（上：開花、下左：結実、下右：梅干し）

の開花期が大幅に遅れ、受粉・受粉結実不良が問題になり始めている。平成二七年の鹿児島県の栽培面積は二二一ヘクタール、生産量は六二一トンである。なお、鹿児島のウメ「南高」は一次加工（塩蔵）の後、和歌山県に出荷される割合も多い。

(4) 自家不和合性とは雌しべに同じ花（遺伝的に同じ樹）の花粉を受粉しても受精に至らず、種子を作らない性質であり、バラ科のリンゴ、ナシ、モモ、スモモなどには一般的に認められる性質である。その他、カンキツ類ではブンタン、ハッサク、ヒュウガナツなどに見られる。自家不和合性の果樹では、結実のためには和合性のある品種（受粉樹）の花粉を人工授粉する、あるいはミツバチなどの受粉昆虫に受粉させる、などの必要がある。

(5) 明治時代に和歌山県の旧・上南部村（現・みなべ町）で高田貞楠が果実の大きい梅を見つけ、高田梅と名付けて栽培し始める。一九五〇年に「梅優良母樹種選定会」が発足し、五年にわたる調査の結果、三七種の候補から高田梅を最優良品種と認定。調査に尽力したのが南部高校の教諭竹中勝太郎（調査委員長、後南部川村教育長）であったことから、高田の「高」と「南高」をとって南高梅と名付けられた。

2　ブドウ（*Vitis* spp. 写真2）

ブドウ科、ブドウ属（*Vitis*）の果樹である。コーカサス地方（黒海とカスピ海に挟まれた地域）原産のヨーロッパブドウ（欧州種、*Vitis vinifera* L.）は果実品質は非常に良いが降雨に弱く、多日照条件を好み、わが国では作りにくい。一方、北アメリカ東部原産のアメリカブドウ（米国種、

雑種など、わが国の気象条件に適した品種が多数育成されている。キサンドリア」はガラスハウスでの栽培のみであり、無加温ハウスや露地では欧州種と米国種の粋の米国種は日本では作られていない。我が国では、純粋の欧州種である「マスカットオブアレ*Vitis luburasca* L.）は作りやすいが、孤臭がする、果肉が軟塊状であるなど品質不良であり、純

ブドウは単為結果性[6]が強く、ジベレリン処理で無核（種なし）にできるが、まだ有核栽培も多い。また、鹿児島は高温多雨であることから経済栽培ではビニルハウス栽培が一般的である。

鹿児島のブドウ栽培では有核栽培としては4nの巨峰（4nの「センテニアル」×「石原早生」）、「ロザリオビアンコ」、「伊豆錦」などの栽培が多い。無核

写真2　ブドウ
（上：袋掛け栽培、下左：巨峰、
下右：シャインマスカット）

栽培は「ピオーネ」(4n)、「シャインマスカット」(2n)、「クイーンイーナ」(4n)、「安芸クイーン」(4n)、「デラウエア」(2n)の栽培が多い。ブドウでも温暖化の影響で休眠覚醒不良[7]や着色不良などが問題になってきている。平成二七年の鹿児島県の栽培面積は七四ヘクタール、生産量は七八八トンである。

[6] 受精が行われずに子房壁や花床が肥大して果実を形成することであり、結実した果実は通常無核(無種子)である。自然界でもバナナやパイナップルなどは単為結果し種子のない実をつけることがある。種なしブドウはジベレリンを用いて単為結果させる方法であり、日本で開発・発達した技術である。

[7] 果実は、果皮の緑色の色素(クロロフィル)の分解と果実特有の色素(リンゴやブドウではアントシアニン、カンキツやカキではカノテノイド)の生成・蓄積によって種・品種特有の着色を行う。それらの色素のうち、クロロフィルの分解は一五度程度の低温で促進される。一方、アントシアニンの生成・蓄積は一五～二〇度が、カロチノイドの生成・蓄積は二五度が適温である。したがって、果実の着色は秋季の低温によって促進される。鹿児島のような秋季が温暖な地域では果実の着色は遅れがちで、特に気候温暖化が進展している近年は、ブドウなどの着色不良が大きな問題となっている。なお、ブドウの色素であるアントシアニンはアントシアニジンがアグリコンとして糖や糖鎖と結びついた配糖体であることから、環状剥皮により剥皮部分より上部の糖含量を高める処理で着色が促進できる。

3 日本ナシ(*Pyrus pirifolia* NAKAI 写真3)

ナシはバラ科、ナシ属の果樹である。日本ナシの他に西洋ナシ、中国ナシの二種がある。日本ナシの原産地は中国〜日本であり、日本には古来二〇〇〇以上の野生種が各地に点在していたという。日本ナシの歴史的大発見は「二十世紀」（青ナシ：果面にコルク層が発達しない）と「長十郎」（赤ナシ：果面にコルク層が発達する）の実生変異(8)の発見であったが、現在では青ナシの「二十世紀」は鳥取県が主産地であり、「長十郎」は栽培面積が激減し、関東地方にわずかに残るだけである。

鹿児島県のナシの主要品種は、収穫期が八月上中旬の「幸水」と八月下旬〜九月上旬の「豊水」の赤ナシであり、その他収穫期九月下旬〜一〇月上旬の「新高」などである。先述したように、ナシは自家不和合性であり、人工授粉が必要である。平成二七年の鹿児島のナシの栽培面積は三四ヘクタール、生産量は六〇四ト

写真３　日本ナシ
（上、ハウス栽培、下左：「凜夏」（左）と「幸水」（右）、下右：人工授粉）

ンである。

九州地方のナシ栽培では、気候温暖化の影響により休眠覚醒が不十分で、発芽が不良になる「眠り病」の発生が増加している。特に、「幸水」では「眠り病」（写真４）や花芽の異常が発生しやすく、収量低下、品質不良、樹勢低下などが起きやすくなっており、代替品種として品種として青ナシの「なつしずく」や赤ナシの「凜夏（りんか）」などの栽培が試みられている。

写真４　ナシの眠り病（発芽不良）
（写真下左：開花不良、
下右：発芽不良（上の枝））

(8) 二十世紀は、明治二一年に千葉県八柱村（現・松戸市）の松戸覚之助によって発見された親類のごみ溜めに自生していた実生であり、高品質であったことから明治二七年に「二十世紀」と命名された。現在では、鳥取県が大産地である。「二十世紀」は黒斑病に弱かったため、昭和五六年に放射線育種場がガンマ線照射による突然変異株を育成し、黒斑病抵抗性の「ゴールド二十世紀」が見いだされ、平成三年に品種登録された。「長十郎」は明治二六年頃に神奈川県の大師河原村（現川崎市）の梨園で当麻辰次郎氏によって発見され、当麻家の屋号と同じ「長十郎」と名付けられた。

4 スモモ (*Purunus salicina* Ehrh.)

バラ科、サクラ属の落葉小高木である。わが国においては、日本スモモのいずれも自家不和合性である「大石早生」、「ソルダム」、「サンタローザ」などの栽培が多いが、鹿児島県においては、それらの栽培は極めて少なく、台湾原産の自家和合性で低温要求量が少ないスモモ「ガラリ(花螺李)」の奄美大島での栽培がほとんどである。平成二七年の鹿児島県のスモモの栽培面積は七三ヘクタール、生産量は一三三トンであるが、うち奄美大島地域のガラリがそれぞれ六八ヘクタール、八九トンを占める。奄美大島地域以外の日本スモモの生産は姶良地域、指宿地域、鹿児島地域に見られる。なお、「ガラリ(花螺李)」については後述する(Ⅳ‐26)。

5 カキ (*Diospyros kaki* THUNB 写真5)

カキノキ科、カキノキ属である。食用になるカキは日本~中国原産のいわゆるカキ(染色体数が有核で2n=90、無核[9]では2n=135)であり、その他にマメガキ(*D. lotus* L.)、アメリカガキ(*D. virginiana* L.)、アブラガキ(*D. oleifera* CHENG)などがあるがいずれも2n=30で食用にはならない。カキは甘ガキと渋ガキに大別される。甘ガキも未熟な時期には渋いが、成熟するにつれて、渋みが取れて甘みだけが残る。甘ガキと渋ガキの品種は種子の有無と甘渋の関係で四つのグループに分けられる[10]。渋ガキは収穫後渋抜き[11]が必要である（写真6）。

平成二七年の鹿児島県のカキの栽培面積は五三ヘクタール、生産量は一五八トンである。

写真5　カキの結実状況

写真6　渋ガキの湯抜き（あおし）状況
（鹿児島県さつま町紫尾温泉）

(9) カキの無核（種子なし）は、「平無核」など2n=135の品種で見られ、単為結果性があるからではなく、受粉→受精した胚の発育が停止するために種子が形成されない。この現象は偽単為結果性といわれている。

(10)①完全甘ガキ (Pollination constant non-astringent:PCNA)：種子の有無にかかわらず樹上で渋が抜け、果肉にわずかに褐班（ゴマ）ができる品種：伊豆、次郎、富有など、②不完全甘ガキ (Pollination variant non-astringent:PVNA)：種子が多いと樹上で完全に渋が抜けるが、種子が無いと全く脱渋せず、種子が少ないと周辺が部分的に脱渋するに過ぎない。脱渋下部分には褐班ができる品種：西村早生など、③完全渋ガキ (Pollination constant astringent:PCA)：種子の有無に関係なく樹上で渋がぬけきらず、熟柿以外は渋い品種：西条、愛宕、堂上蜂屋など、④不完全渋ガキ (Pollination variant astringent:PVA)：種子ができるとわずかに種子の周辺だけ脱渋し、脱渋した部分に褐班ができる品種：平核無、会津身不知など。

(11)カキの渋抜き（脱渋）：渋を感じる理由は可溶性タンニンが舌に収れん性を感じさせるからである。渋ガキの脱渋は可溶性タンニンを不溶化させることであり、メカニズムとしては、①果実への酸素供給を絶つ→②分子間呼吸を行わせる→③アセトアルデヒドの生成→④タンニンがアセトアルデヒドと結合して不溶化するためといわれている。渋抜きの方法としては、①温湯脱渋法：三七～三八度の温湯に一五～二四時間浸漬する、長所は簡単かつ短時間、短所は味が淡泊、ひびが生じやすい、貯蔵力が弱いなど、②アルコール脱渋：二〇度程度の温度で五～六日置く、長所は香味がでる、③二酸化炭素脱渋（ＣＴＳＤ、Constant temp short duration)：二三～二五度、九五パーセント二酸化炭素で一二～二四時間密閉、五～六日で脱渋する。④その他：干しガキや熟柿でも脱渋する。

【亜熱帯性常緑果樹】

常緑性亜熱帯果樹は低温抵抗性が低く、鹿児島県では比較的温暖な沿岸地域あるいは本土南部から熊毛地域や奄美群島での栽培が多い。カンキツ類のうち、ポンカンとタンカンを除く果樹は、比較的低温に強く、高温な地域では果実肥大が過度で果実品質も優れないことから本土の沿岸地域での栽培が多い。一方、ポンカンとタンカンはウンシュウミカンなどに比べて温度要求量が高く、南部地域から島嶼部での栽培が多い。ポンカンとタンカンを比較すると、タンカンの温度要求量が高いことから、後述するように、タンカンの栽培は熊毛および奄美地域での栽培が多い（図15）。

6　ウンシュウミカン（*Citrus unshiu* M.）

わが国のカンキツ類[12]を代表する品種であり、鹿児島県出水郡長島町鷹巣が原産地である。

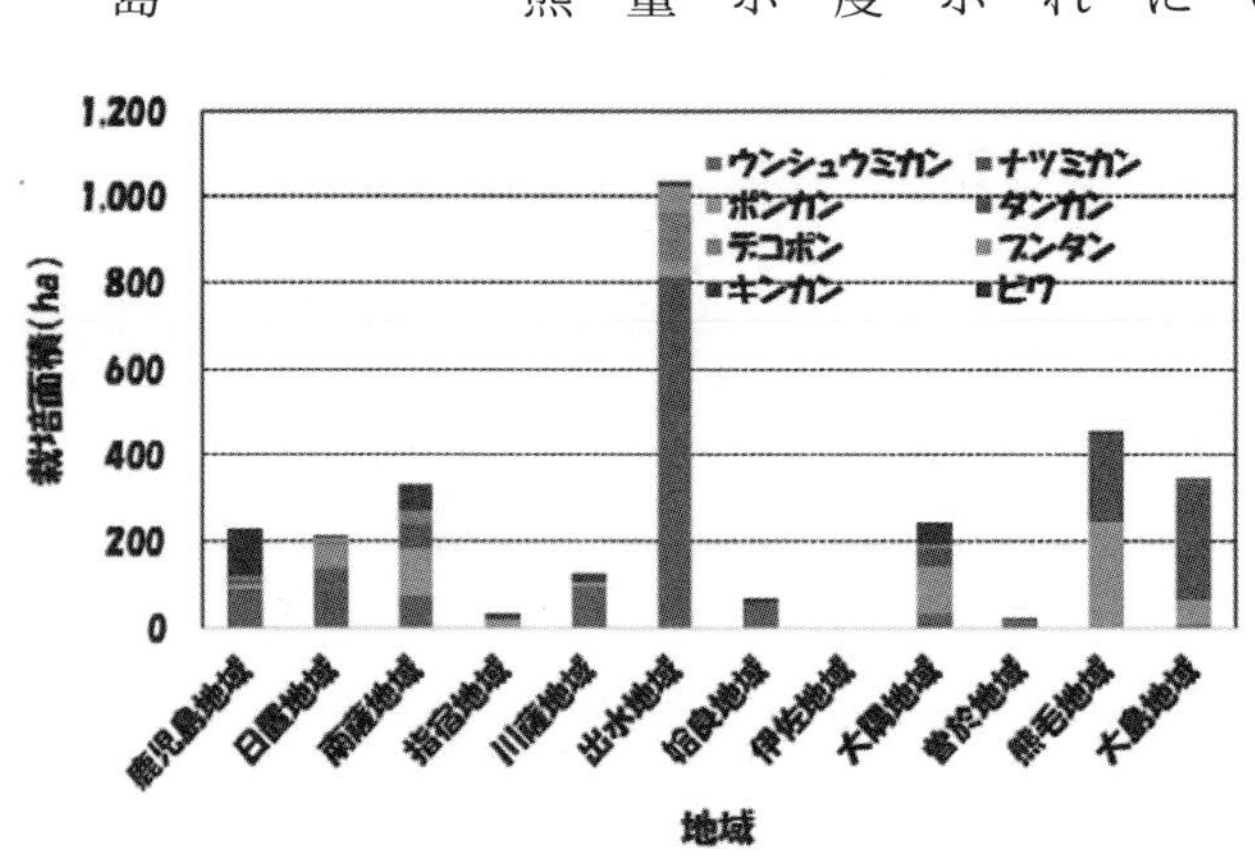

図15　亜熱帯常緑果樹の地域別栽培面積（平成24年）

ウンシュウミカンは、カンキツ類の中では早生の系統であり、剥皮性の良さも併せ持つ大変優秀なカンキツである。漢字では温州ミカンと記載することから、中国原産と誤られやすいが、約五〇〇年前、鹿児島県長島において中国伝来のカンキツから偶発したと伝えられている(写真7)。すなわち、昭和一一年に岡田康男が当地で推定樹齢三〇〇年の最古木を発見したが、その樹は明らかに接ぎ木樹であったので、田中長三郎は原木の発生は四〇〇~五〇〇年前であり、中国の早橘かまん橘の偶発実生と推定した。

原木が九州地方で栽培され在来系と呼ばれ、在来系から愛媛に伝わって平系、大阪の苗場である池田市に伝わって池田系を生んだが、この両者とも今は無い。

早生系は、在来系から突然変異として九州で発生した。大分の「青江早生」、福岡の「宮川早生」がそうである。

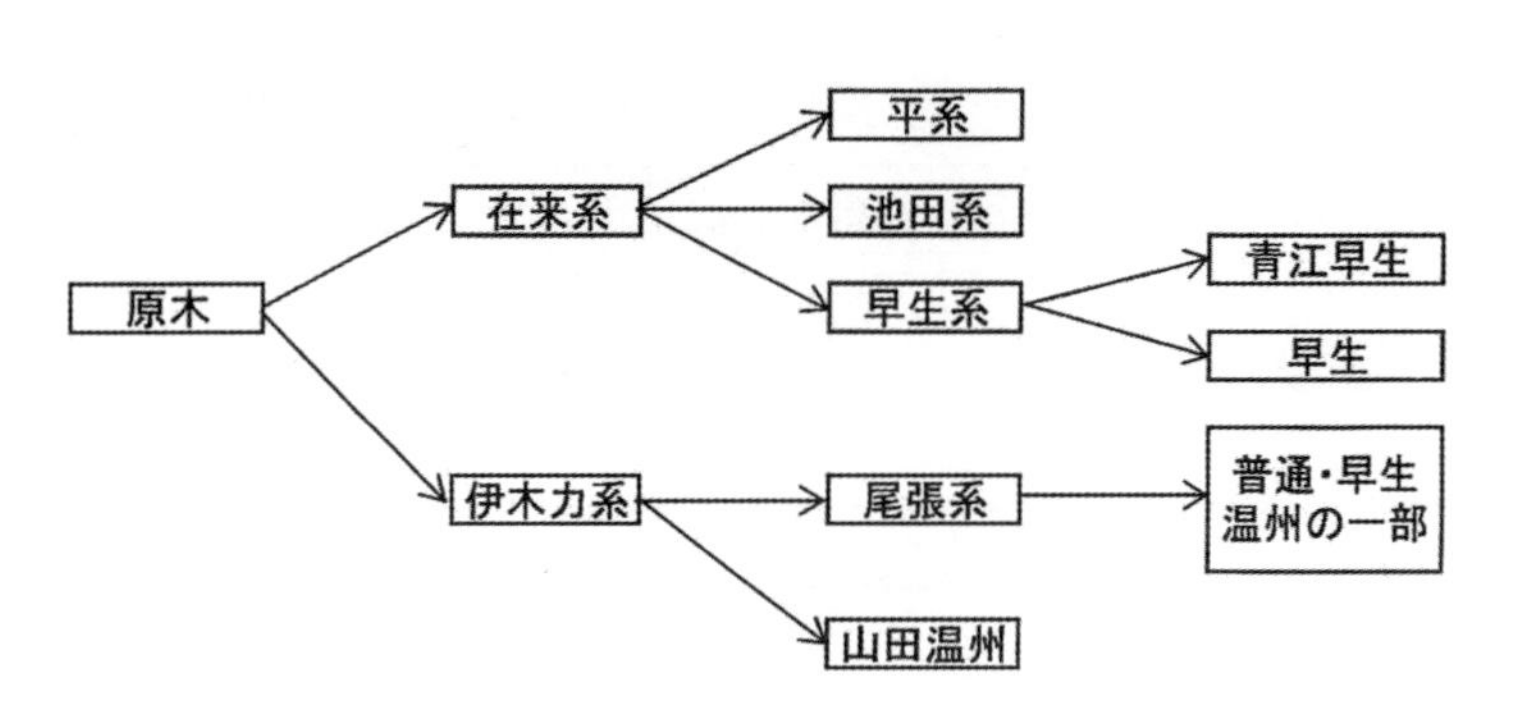

図16　ウンシュウミカンの品種分化
(岩政正男：柑橘の品種、静柑連、1976より作図)

在来系の中で、特に優れた系統が長崎県の伊木力に伝わったのが伊木力系であり、伊木力系が尾張（愛知県）の苗場に伝わり、そこで生産された苗木が尾張系である。その後、芽状変異などの突然変異により、早生、中生、晩生の系統が発生し、さらに、早生から極早生が生じ、ウンシュウミカンは大品種群となっている（図16）。

ウンシュウミカンで特筆すべき品種は「宮川早生」であり、一九一〇年頃、福岡県柳川市の医師宮川謙吉氏宅で枝変わり[13]として発見され、一九二五年に「宮川早生」と命名された。「宮川早生」は、さらに枝変わりや交雑育種を通じて、今日の早生ウンシュウの大きな源になっているとともに、果樹試験場興津支場においてトロビタオレンジとの交雑で「清見」（昭和五四年命名、タンゴール農林1号）の種子親になった。「清見」は連年結果性で豊産性、果実の大きさは二〇〇～二五〇グラム、偏球形、じょうのう膜は薄く、果肉は柔軟多汁、オレンジの芳香があって、風味良好である。単胚[14]で、子孫に花粉不稔に

写真７　温州みかん発祥地の記念碑
（鹿児島県出水郡長島町東町鷹巣）

よる無核が期待できることから、育種親として大いに利用され、後述するように、「不知火」（商品名デコポン）など、多数の優良品種を生み出している。

平成二七年の鹿児島県の栽培面積は早生ウンシュウが八二七ヘクタール、普通ウンシュウが九六ヘクタール、合計で九二三ヘクタール、生産量はそれぞれ一万三八四一トン、一〇二二トンおよび一万四八六三トンである。

⑿植物学的に見ると、カンキツ類はフクロソウ目、フクロソウ（ヘンルーダ）亜目、ミカン科、ミカン亜科で、我々に有用なカンキツ（*Citrus*）属、キンカン（*Fortunella*）属およびカラタチ（*Poncirus*）属に含まれる植物を指し、染色体数は 2n=18 である。カンキツ類の栽培種の基本的な種類は、シトロン（Citron）、ブンタン（Pummelo）、ミカン（Mandarin）と言われている。シトロンは、多数のシトロン品種のほかに、ライムやレモンの発生に関与し、ブンタンはダイダイやスイートオレンジの発生に関わっているとともにグレープフルーツやナツミカン、ハッサクなどの親と言われている。ミカン（マンダリン）類は中国において極めて多彩な品種分化を遂げ、「柑」あるいは「橘」という名前で呼ばれている。「柑」は大果寛皮性カンキツを、「橘」は小果寛皮カンキツのことを指している。

⒀枝変わり（えだがわり、bud sport）とは、植物のある枝だけに関して、新芽・葉・花・果実などが、成長点の突然変異などによって、その個体が持っている遺伝形質とは違うものを生じる現象である。動物であれば、体細胞の突然変異が新たな個体に反映することはまずあり得ないが、植物では成長点から軸先へと体が作られてゆくため、変異しなかった部分と区別され、形質として固定する可能性がある。「宮川早生」は在来系ウンシュ

ウの枝変わりである。果樹の枝変わりは、新品種の発見や同一品種でも系統選抜に利用される。

(14) 種子の中の胚が交雑胚の一個のみであり、種子を播くと全て雑種が発生してくる。カンキツ類の中の単胚の種はブンタン、ハッサク、ヒュウガナツなどである。カンキツ類には、ウンシュウミカン、オレンジ、ナツミカンなどのように一個の種子に複数の胚（一個の雑種胚と複数の珠心胚）を含む多胚性を示すものも多く、種子を播くと母親樹と遺伝的に同じ珠心胚実生が発生してくる。

7　ナツミカン（*Citrus natsudaidai* Hayata 写真8）

ナツミカン（普通夏ミカン）は一七〇〇年頃、山口県長門市先崎町で発生した。特性からみて、ブンタンの血を引く自然雑種と推定される。明治時代に山口県萩市での栽培が多くなり、次第にウンシュウミカンに次ぐ第二のカンキツになった。「川野ナツダイダイ」（甘夏ミカン）は、普通夏ミカンが早生化し、減酸が早くなった変異種であり、一九一〇年に大分県津久見市の川野氏園で発見された。本種の出現により、「川野ナツダイダイ」が主流になった。「川野ナツダイダイ」からは、「新甘夏」、「紅甘夏」など複数

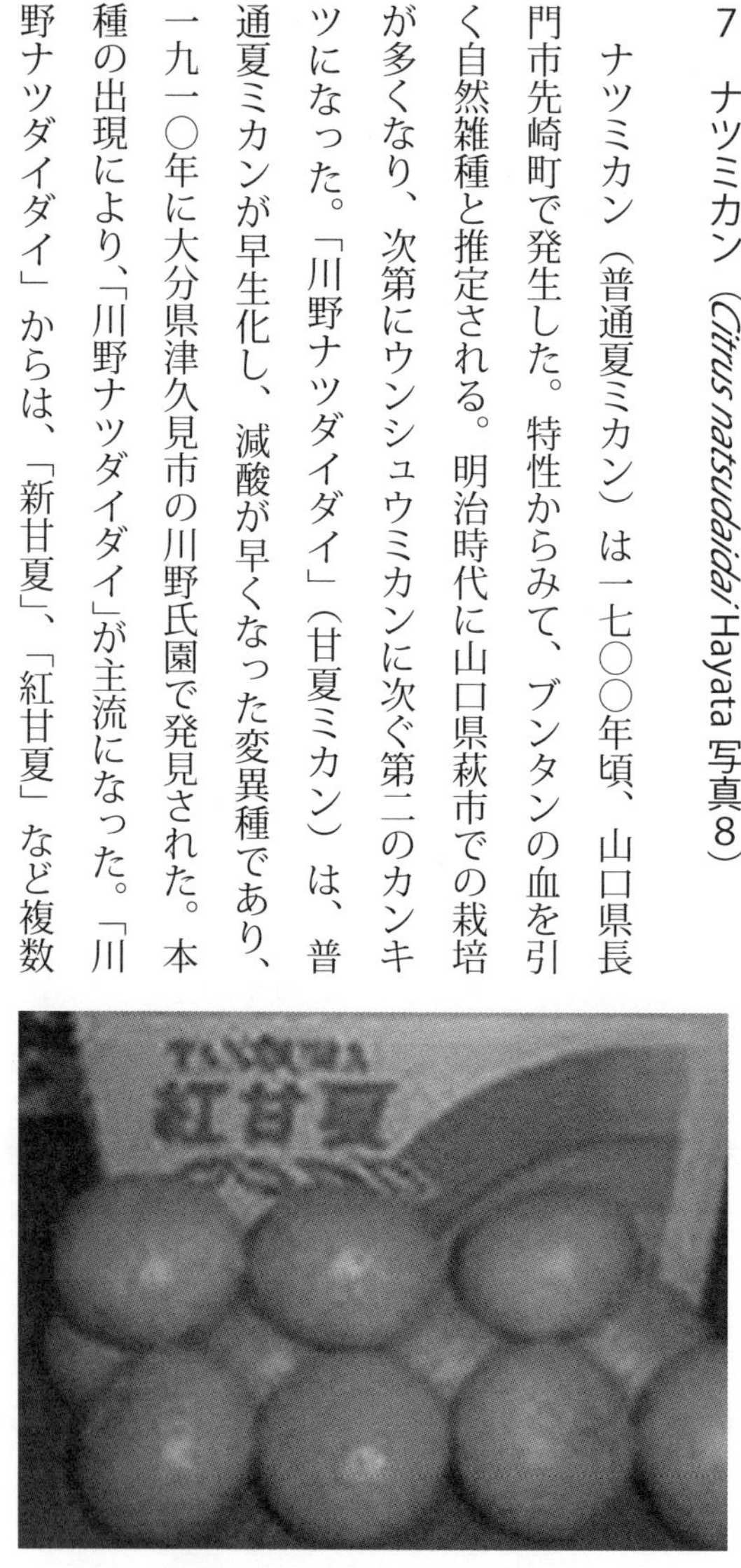

写真8　出水産の「紅甘夏」

の枝変わりが発見されている。「紅甘夏」は昭和四四年に阿久根市の大野力氏園で甘夏の枝変わりとして発見された。果皮が紅橙色で外観が優れている（写真8）。樹姿、樹勢、果実の糖酸は甘夏と変わらない。出水の「紅甘夏」は鹿児島ブランドに指定されている。平成二七年の鹿児島県の栽培面積は三二八ヘクタール、生産量は一万一九三九トンである。

8　ポンカン（*Citrus reticulate* Bloanco 写真9）

インドのスンタラ地方（アッサム）の原産で、東南アジアから中国にかけて広く栽培されている。中国には唐代以降に伝来したとされ、現在の中国カンキツ類の主要栽培種となっている。台湾には一八世紀末に伝わったとされ、我が国には台湾から一八九六年に鹿児島県に導入された。導入されてから最近までは鹿児島県が最大の産地であったが、最近は愛媛県の生産が最も多くなっている。ポンカンは果形指数（（横

写真９　ポンカン
（左：結実状況と果実、右：屋久島でのポンカン栽培）

径／縦径）×一〇〇）が一二〇以下の高しょう系、一二〇以上の低しょう系があり、高しょう系は腰高で大果、低しょう系は濃厚な味であるが、扁平で幾分果実が小さい。鹿児島県では屋久島ポンカンや市来ポンカンが有名である。鹿児島県果樹試験場が「ポンカンF２４２８」に「マルチーズブラッドオレンジ」を交配し得られた珠心胚実生から育成し、平成九年三月に品種登録した品「薩州」ポンカンが鹿児島の適品種とされ、準適品種に「吉田」ポンカン、「太田」ポンカン、「森田」ポンカンがある。平成二七年度の鹿児島県の栽培面積は四八二ヘクタール、生産量は三二〇一トンである。

9　タンカン（*Citrus tankan* Hayata 写真10）

スイートオレンジとマンダリン類[15]の自然交雑実生であるタンゴール（tangor）と言われ、中国広東省の原産である。日本には台湾からポンカンと一緒に鹿児島県に導入された。ポンカ

写真10　タンカン
（左：結実状況と果実、右：屋久島でのタンカン栽培）

ンよりも温度適応性が低く、樹体や果実の発育と成熟に高い積算温度を必要とすることから鹿児島県では坊津や南大隅などの南沿岸地域の無霜地帯や屋久島、奄美大島などの南西諸島が栽培の中心となっている。平成二七年の鹿児島県の栽培面積は六七二ヘクタール、生産量は一二一二トンであり、主要品種は「垂水一号」である。

⒂かつてはスイートオレンジとポンカンの雑種と言われたこともあったが、DNA分析研究の発達により、タンカンの発生にはポンカンは関与していないことが明らかになった。ポンカン以外のマンダリンが関与していると推察される。

10　桜島小みかん（紀州ミカン、*Citrus kinokuni* Hort. ex Tanaka 写真11）

鹿児島では「桜島小みかん」と呼ばれ、鹿児島県が全国一の生産県であるが、中国原産のカンキツでウンシュウミカンとは異なる「紀州ミカン」が正式名称である。わが国への導入時期は非常に古く、熊本で西暦八八年頃には「八代蜜柑」と呼ばれていたという記録もある。鹿児島県には「島津義弘公が文禄慶長の役（一五九二〜一五九八）に征韓の帰途に持ち帰り、試作して桜島に広がったという説」、「島津義弘公が関ヶ原の戦後、紀州から持ち帰ったとの説」などがある。「桜島蜜柑」の名で島津義久公が一六〇三年に家康に贈り、その後も一八五年間幕府へ献上した。江戸時代には「桜島蜜柑」と呼ばれ、紀州有田産とともに第一級の評判であった。一七七九年（安永八年）一〇月一日の桜島第噴火一九一四年の（大正三年）一月一二日の噴火で大被害を受け、桜島には樹齢数百年の古木は存在しない。紀伊国屋文左衛門が江戸に運んだのは本種である。ウンシュウミカンが出回る明治中期以前は我が国の主流品種であった(16)。現在では鹿児島、和歌山、熊本などでわずかに生産されるだけである。平成二七年の鹿児島県の栽培面積は四八・一ヘクタール、生産量は三五七トンであり、ほとんどが鹿児島市桜島の生産である。

写真11　桜島小ミカン
（上：結実状況、下左：桜島小ミカン、
下右：ウンシュウミカン）

(16)温州ミカンは種なしであることから、武士社会であった江戸時代には「お世継ぎができない」と忌み嫌われ、流通しなかった。

11　不知火（デコポン、（*Citrus unshiu* × *C. sinensis*）×（*C.reticulata*）写真12）

昭和四七年に「清見（*Citrus unshiu* × *C. sinensis*）」にポンカン（中野3号）を交配して育成された交雑種であり、果実の大きさは二〇〇〜三〇〇グラム程度で、果梗部にデコ（カラー）を有する倒卵形であり、デコポンという商標名はデコを有するからつけられた商品名である。剥皮性は良く、橙色で柔軟多汁、じょうのう膜はやや薄く、食べやすい。熟期は露地栽培では二月中〜三月上旬、糖度は一四〜一六度、クエン酸含量は一・〇〜一・二パーセントで、食味良好である。

「不知火」から平成九年に阿久根市の大野氏圃場で枝変わりとして「不知火」より果皮および果肉色が濃い品種が発見され、平成一八年に「大将希(17)」として品種登録された。平成二七年の鹿児島県の栽培面積は一七七ヘクタール、生産量は二二八三トンである。

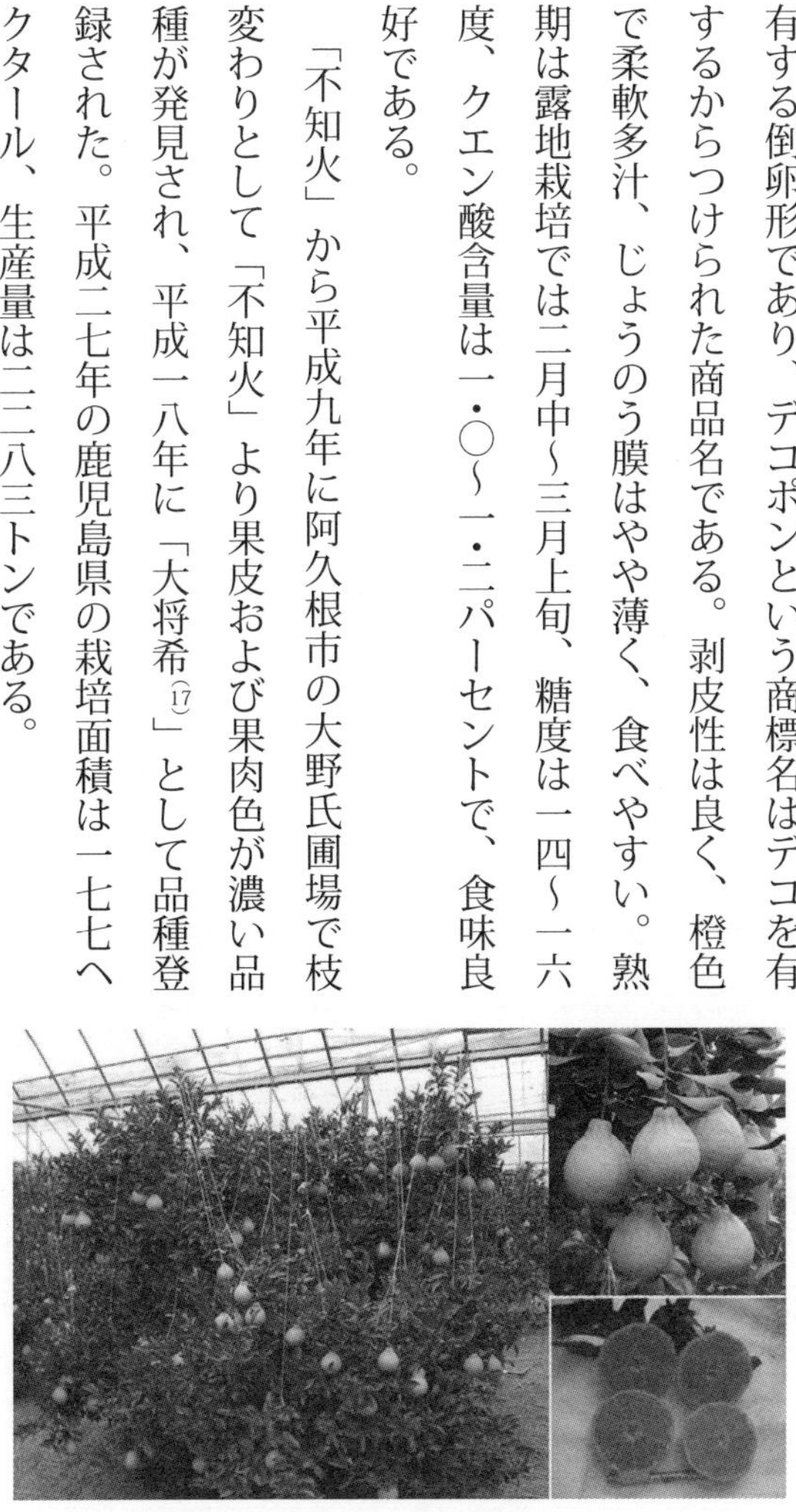

写真12「不知火」（デコポン）
（左：結実状況、右上：果実、
右下：左が「大将希」）

(17)品種登録上の「育成権者」はＪＡ鹿児島県経済連であり、現在のところ「育成権者」が許可した者しか栽培が認められていない。

12　キンカン（*Fortunella crassifolia*）

キンカンはカンキツ類ではあるが、ウンシュウミカンなどのカンキツ属（*Citrus*）とは異なるキンカン属（*Fortunella*）であり、現在の主要品種は「寧波（ニンポー、メイワ）」キンカンである。「寧波」キンカンは中国浙江省の原産で、日本には一八二八年に導入されたといわれる。平成二七年の鹿児島県の栽培面積は六三ヘクタール、生産量は八五三トンである。

13　ブンタン（*Citrus maxima* 写真13）

ブンタン類の原産地は東南アジア・中国南部・台湾などであり、日本には江戸時代初期に渡来した。鹿児島には、ブンタンの日本伝来の地といわれる阿久根市があり、阿久根ブンタン(18)と呼ばれる。阿久根ブンタンの他に、鹿児島県在来のブンタンである「大橘」（サワーポメロ）の栽培も多い。ブンタンは、自家不和合性(19)、かつ単胚であり、果実に多数入る種子は全て雑種であり、品種数も多い。平成二七年の鹿児島県の栽培面積は七二ヘクタール、生産量は九九一トンである。

(18)江戸時代、嵐のために阿久根に避難した中国船の船長・謝文旦（しゃ・ぶんたん）が、薩摩藩の通訳の温かいもてなしに感謝して果実を贈ったのが、わが国へ入ってきた始まりと言われ、その名前をとってブンタンとよばれると言われる（鹿児島県ウェブサイトより）。

(19)Ⅳ－1参照

14　ビワ（Loquat、*Eriobotrya japonica* LINDL 写真14）

リンゴ、ナシと同じバラ科（*Rosaceae*）の果樹で、ビワ属（*Eriobotrya*）である。染色体数は2n=34の常緑果樹であり、中国~日本が原産地とされ、野生のものも多い。

栽培種は、「茂木」（中国南部から入ってきたもので、江戸時代の（一八三〇~一八四三）に長崎の茂木出身の三浦シオが奉公先で貰った種子を播いて発生した）と「田中」（千葉県の田中芳男が、明治一二年に長崎で食べた大果ビワの種子を千葉県で播いて発生した）が基本であったが、鹿児島県では「茂木」と、「茂木」に「本田早生」を交配してできた「長崎早生」が主要な栽培品種

写真13　「大橘」（サワーポメロ）

になっている。ビワの主産地は長崎、千葉、鹿児島である。平成二七年の鹿児島県の栽培面積は一三一ヘクタール、生産量は四〇四トンである。

【常緑性熱帯果樹】

常緑性熱帯果樹は耐寒性が極めて弱いことから、鹿児島県であっても島嶼部の栽培が中心である。近年、加温あるいは無加温のハウス栽培が普及し、島嶼部以外の地域でも熱帯果樹の栽培が始まった。しかし、熱帯果樹の栽培については島嶼部、特に奄美群島が極めて有利である（表2）。図17には大島郡島内の市町村別の熱帯果樹栽培面積を示す。

写真14　桜島のビワ栽培

表3には鹿児島県内で栽培されている図17に示した以外の特産果樹（熱帯果樹）について主要生産市町村と栽培面積を示した。

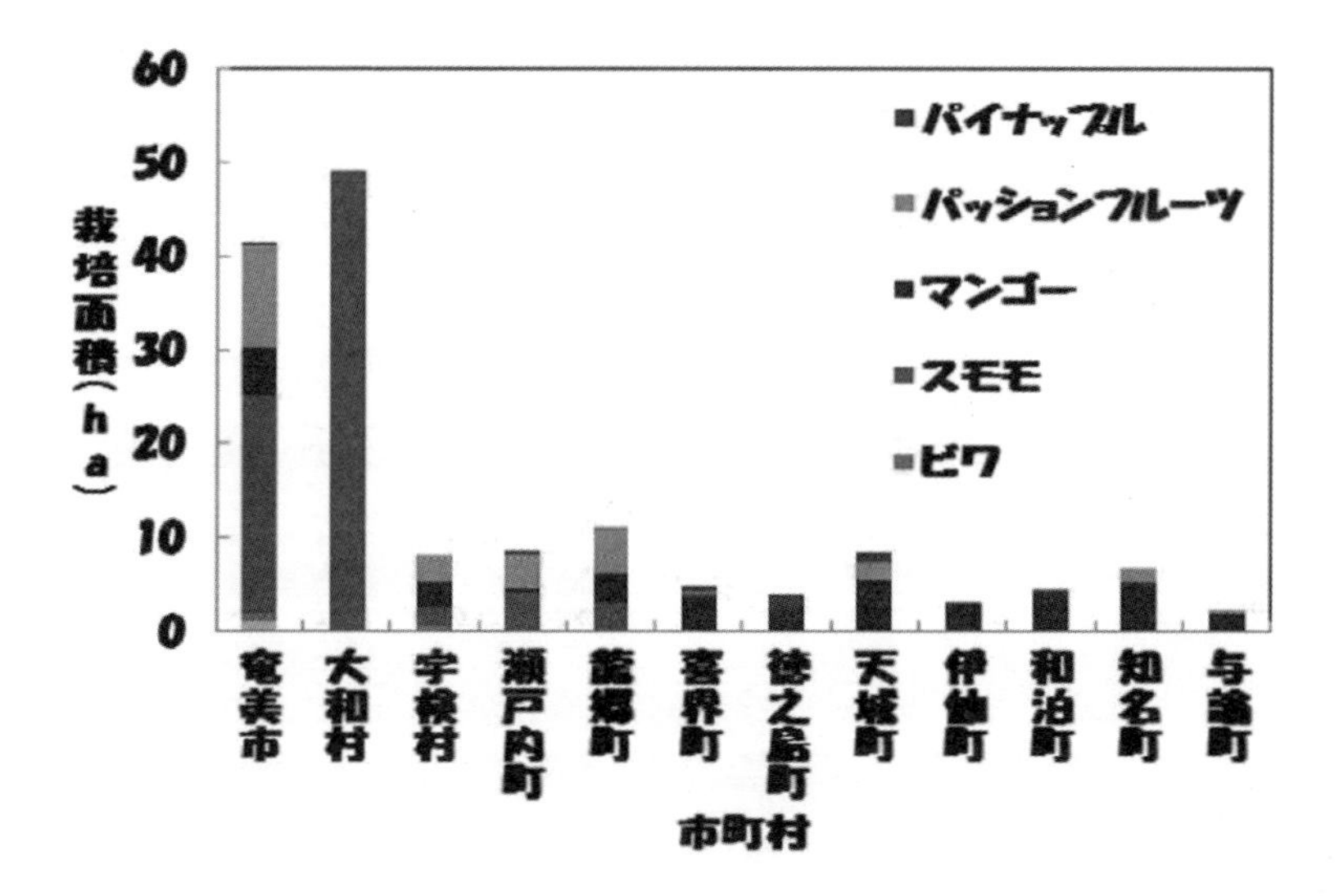

図 17　奄美群島内市町村別の熱帯果樹栽培（平成 24 年）

表 3　鹿児島県内で栽培されている特産果樹（平成 27 年）

品　目	面積(ha)	生産量(t)	主要市町村別栽培面積(ha)			
アテモヤ	3.1	8.2	与論町(1.2)	徳之島町(1.0)	大崎町(0.3)	
オリーブ	14.8	0.3	南さつま市(7.1)	曽於市(3.0)	日置市(3.0)	鹿屋市(0.9)
ゴレンシ	0.1	1.0	指宿市(0.1)			
バナナ	22.1	54.7	徳之島町(6.8)	十島村(5.6)	奄美市(4.5)	瀬戸内町(3.5)
パパヤ	20.3	87.9	瀬戸内町(6.5)	徳之島町(6.0)	奄美市(2.6)	天城町(2.3)
バンジロウ	0.8	2.2	奄美市(0.7)	指宿市(0.1)		
ピタヤ	9.9	19.7	奄美市(4.8)	龍郷町(2.0)	天城町(1.7)	徳之島町(0.6)
レイシ	2.8	8.4	南大隅町(1.5)	垂水市(1.0)	指宿市(0.2)	南さつま市(0.1)

平成27年度果樹生産統計資料（鹿児島県農政部農産園芸課）.

15 マンゴー（*Mangifera indica* L. 写真15）

ウルシ科マンゴー属の果樹で、原産地はインドからインドシナ半島周辺であり、完熟果実は独特の芳香で「果物の女王」といわれる。果皮色が緑、黄、橙、赤などおおよそ一〇〇〇品種があるといわれている。未熟果実の果皮と果肉や成熟果実の果皮にはマンゴールと呼ばれるかぶれ物質が含まれている。我が国へは明治時代に東南アジアから導入され、本土では温室栽培、奄美大島では露地栽培されてきたが、樹体が深根性の直立大木であり、我が国の多雨条件下では結実の確保が困難である上に、果実の障害や裂果、病害の発生が多いことなどから栽培は点在するのみであった。大正から昭和初期には、台湾やフィリピンから台湾在来種やカラバオ種が奄美大島や指宿に繰り返し導入されたが、上記のような理由でなかなか定着しなかった（宇都

写真15　奄美大島におけるマンゴー栽培（奄美市）

一九八〇）。

昭和四〇年代になると、フロリダで選抜された赤色系・早生品種（アップルマンゴー）の「アーウイン（Irwin）」が導入され、日本人の嗜好に合うことから「国産完熟マンゴー」として施設栽培が広がり、我が国で栽培されているマンゴーの九〇パーセント以上を占めている。しかし、「アーウイン」はフロリダで開催されている「マンゴーフェスティバル」の評価では中程度の品質とされ、炭疽病に弱く、ヤニ果の発生も多く、作りにくい。小花数二〇〇〇～二万の複総状花序を付け、生育適温は二四～三〇度、最低気温は五度以下にならないことが経済栽培では重要であるが、花芽分化は二〇～二二度以下の気温で促進されることから、我が国の加温施設栽培では気温が低い北の地域から開花・結実する。奄美群島などの島嶼部では開花が遅く、収穫時期も遅い場合が多い。

我が国のマンゴー栽培は平成二六年には四四〇ヘクタール、生産量は三三二七トンであり、栽培

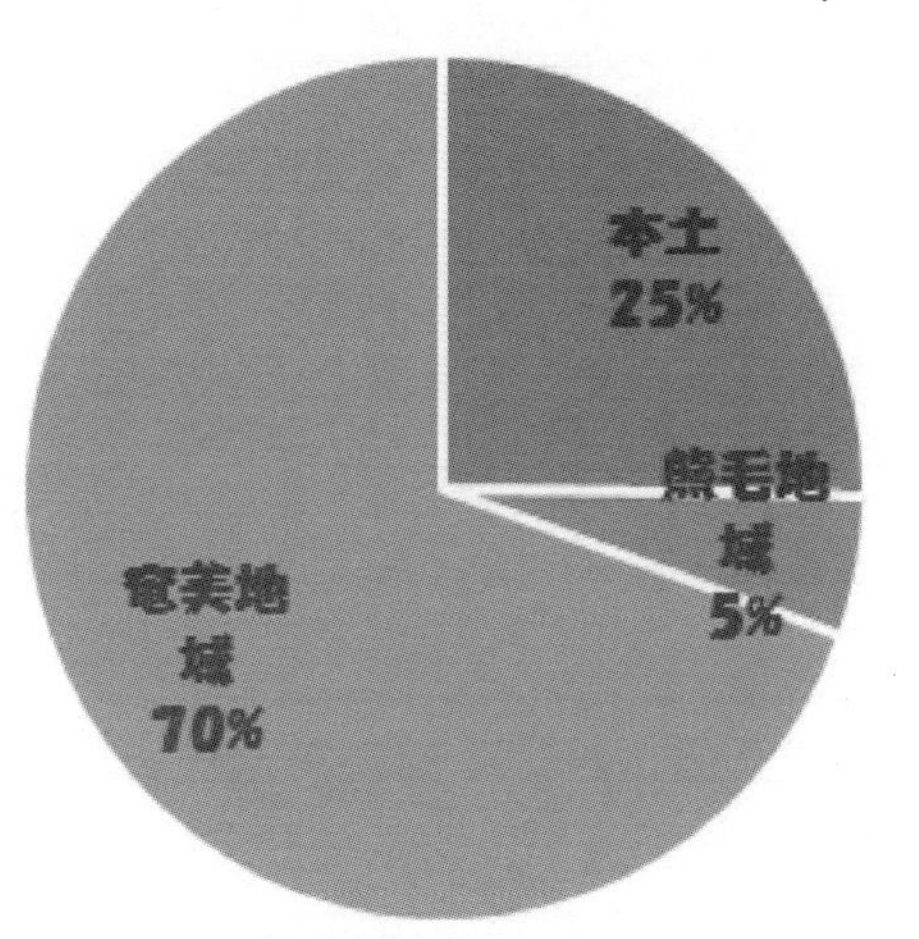

図 18　鹿児島県のマンゴーの地域別栽培割合（平成 26 年）

面積は沖縄県、宮崎県、鹿児島県の順に多く、生産量は宮崎県、沖縄県、鹿児島県の順である。鹿児島県の栽培面積は六五・三ヘクタールであるが、その七〇パーセントは奄美地域であり（図18）。奄美群島では栽培面積の多い方から和泊町、天城町、知名町、奄美市、喜界町、伊仙町、龍郷町、与論町、宇検村、徳之島町の順になり、ほとんどの市町村で栽培が行われている（図19）。奄美群島でのマンゴー栽培は秋冬季が温暖なことから加温施設栽培は皆無で有り、無加温施設栽培が主体である（写真15）。

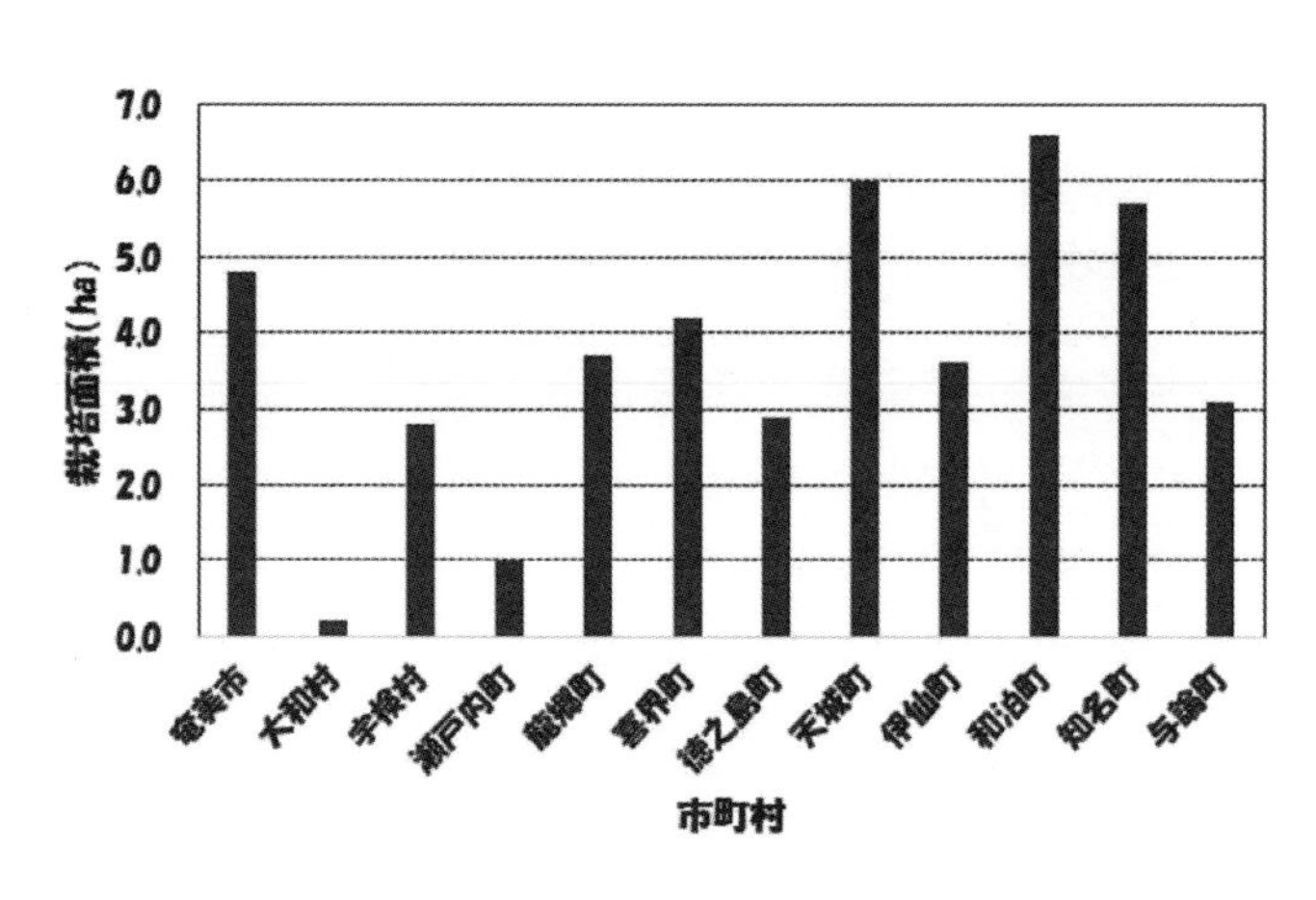

図19　奄美群島内市町村別のマンゴー栽培面積
（平成26年）

16　パッションフルーツ（*Passiflora edulis* Sims 写真16）

南米原産のトケイソウ科トケイソウ属のつる性果樹で約七五〇種を含む。花弁は五枚、その内側に多くの副花冠、さらにその内側に五本の雄蕊、一個の雌蕊を付け、花柱は三本に分かれている。そのような花の形状が時計に似ていることからトケイソウと呼ばれる。ムラサキクダモノトケイソウ（*Passiflora edulis* Sims）は、我が国には明治中期頃に、鹿児島県には大正末期に導入された。戦後に経済栽培が始まり、昭和三五～四三年頃には鹿児島県内でおおよそ五〇～六〇ヘクタールの栽培面積があった。栽培面積が最も多かったのは指宿地域であり、次いで奄美大島、屋久島、種子島の順であった。奄美大島では名瀬市芦花部で昭和三三年から栽培が始まったが、昭和三八年一～二月の極東大寒波被害に加え、果汁の消費が伸びず、さらにウイルス病、フザリウム病や線虫の被害も発生し、栽培は激減し、ジュース工場も相次いで倒産した（宇都 一九八〇）。この頃のパッションフルーツの品種は純系のムラサキクダモノトケイソウであり、香りが良

写真16　パッションフルーツの果実と花

く、果実品質も良好であったが、果実が小さく（四〇～五〇グラム）、このことも自家用栽培の域を出ない要因であった。

昭和五〇年代になると、果実が大きい（平均一三〇グラム以上）交雑種（ムラサキクダモノトケイソウ *P. eduris* ×キイロトケイソウ *P. eduris* forma *flavicarpa*）が育成・導入され、栽培は増加に転じた。交雑種としては複数の系統が導入されたが、昭和五四年に鹿児島県農業試験場大島支場に導入された種子島の農林水産省九州沖縄農業試験場作物第二部温暖地作物研究室の育成系統が「サマークイーン」として普及・栽培され、現在に至っている（熊本・迫田 一九八八）。一方、純系のムラサキクダモノトケイソウはほとんど見られなくなった。昭和五七年に台湾から導入された系統が「ルビースター」としてムラサキクダモノトケイソウは自家和合性、キイロトケイソウは自家不和合性であり、交雑種は自家和合性であるが、結実率を上げ収穫量を確保するために人工授粉をする場合が多い。

全国の栽培面積（六二・五ヘクタール）のうち、鹿児島県が栽培面積（三八・二ヘクタール）、生産量（二六〇・一トン）とも六〇パーセント以上を占めている。鹿児島県内の生産を見ると、栽培面積、生産量とも奄美大島が六〇パーセント以上である（図20）。熊毛地域および奄美大島においては、生産量の多い方から奄美市、屋久島町、瀬戸内町、龍郷町、宇検村、天城町、知名町の順である（図21）。

パッションフルーツ果実は芳香であり、やや酸が高いものの、独特の風味から、近年高値で取

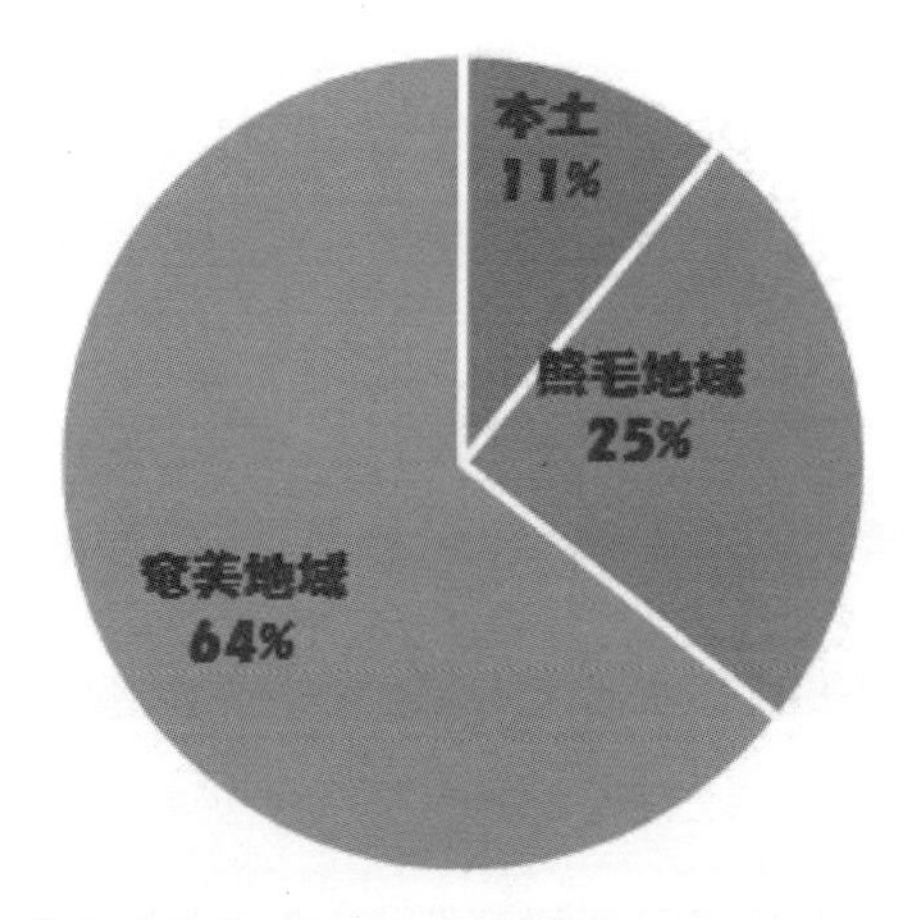

図 20　鹿児島県のパッションフルーツの地域別栽培割合（平成 26 年）

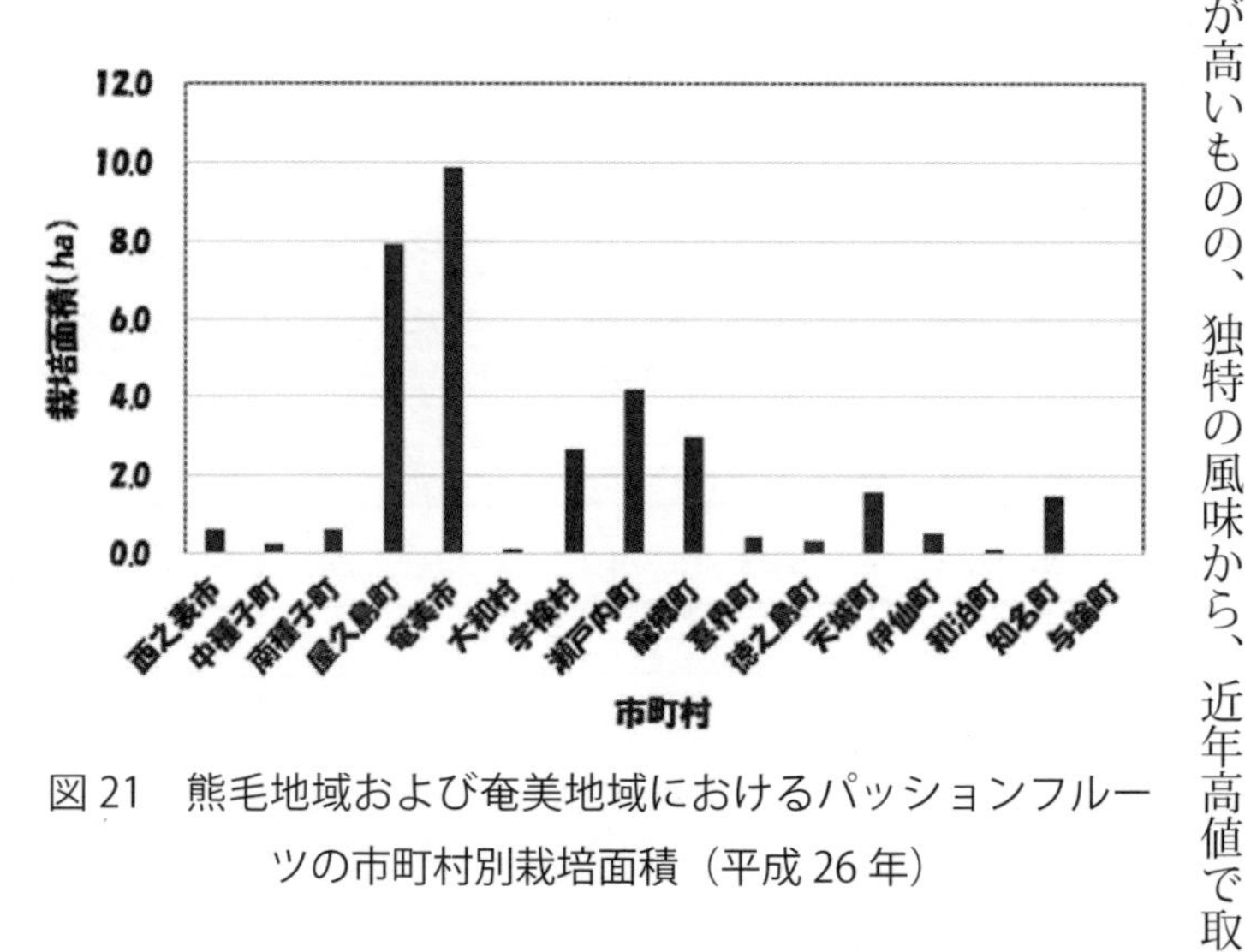

図 21　熊毛地域および奄美地域におけるパッションフルーツの市町村別栽培面積（平成 26 年）

写真 17　奄美大島における
パッションフルーツ栽培（奄美市）

引されており、奄美群島の果樹の中でも作りやすく換金性の高い果樹である。一方、つる性の果樹であり、挿し木繁殖は容易で開花・結実も極めて早く、植え付け当年から収穫が可能であることから、最近、千葉県、神奈川県、岐阜県などでも青果用あるいは加工用として栽培されるようになってきている。

パッションフルーツではウイルス病が大きな問題で、ウイルスフリーの樹から挿し木繁殖苗を二年に一回植え替える栽培方式が多くなっている、仕立て方も土地利用効率が悪い平棚仕立てから柵仕立てが採用されるようになり、さらに風雨の被害を避けるために無加温施設栽培が多くなっている。（写真17）。

17　バナナ（*Musa* spp.、写真18）

マレー原産の単子葉植物で、バショウ科バショウ属に属する果樹であり、大きな茎に見える部分は仮茎または偽茎と呼ばれ、柔らかい葉鞘が重なったもので、成長点は仮茎基部の短縮茎中心にあり、花茎は葉鞘内を伸長し、先端で開花・結実する。一本の仮茎に一個の花（果）房が付き、収穫後は葉鞘の横から吸枝（ひこばえ）が出て新しい葉鞘を形成する。

沖縄では、琉球王朝時代に中国から冊封使が来ていた頃の記録で、琉球の物品の記録中にバナナ（芭蕉）が見られることから、古くから栽培されていたらしい。近年「在来種」、「島バナナ」として沖縄で扱われているバナナは、「小笠原種」であり一八八八年に小笠原から栽培目的で導入されたものである。小笠原種の原産は小笠原ではなく、マレー半島であり、モンキーバナナと似ている。沖縄では数系統（品種）のバナナが栽培されているが、小笠原種が

写真18　奄美大島における
バナナ栽培と市場出荷風景（奄美市）

一番美味しいと思われる。

バナナの鹿児島県への導入の経緯は不明であるが、昭和三〇年代までは小笠原種の他、台湾バナナといわれる北蕉種や三尺バナナが奄美大島を中心に温暖で無霜地帯に散在していたと言われる。その後、現在にいたるまで奄美大島が鹿児島県のバナナ栽培の中心であるが、台風による被害が頻発し、大規模な経済栽培は見られず、小面積の栽培が散在しているだけである。一方、北蕉種はウイルス病の被害が大きく、自然淘汰された。昭和四〇年頃の鹿児島県全体で散在樹を含めて二〇〇ヘクタールの栽培面積があったようである（宇都 一九八〇）。バナナは栄養成分がバランス良く含まれていることから、我が国のバナナ消費量は非常に多く、二〇一四年には一〇〇万トンが輸入されている。輸入バナナは未熟な青バナナを低温とエチレン生成抑制で輸送することから、国産バナナに比べると味の点で劣る。一方、国産バナナは完熟直前まで樹上におけることから味が非常に優れるが、収穫後一週間もしないうちに果柄が落ちるなど日持ち性が極めて悪く、輸送ができないことから、現在、我が国のバナナ栽培は広がっていない。平成二五年の我が国のバナナの栽培面積は三二ヘクタール、収穫量は一三二トンであるが、収穫量の五五パーセントが鹿児島県産、四四パーセントが沖縄県産である。鹿児島県の平成二六年のバナナの栽培面積は二二・七ヘクタールであり、徳之島町六・八ヘクタール、十島村五・八ヘクタール、奄美市四・

五ヘクタール、瀬戸内町四・二ヘクタールとなっている（表3、写真18）。

18　パパイヤ（*Carica papaya* L.、写真19）

中央アメリカの原産で、パパイヤ科パパイヤ属の草本性果樹である。我が国への導入時期は定かではないが、奄美大島や屋久島では大正時代から、在来種化したものが半ば野生化したような状況で栽培されていた（宇都 一九八〇）。その後、昭和四〇年頃からハワイのソロ種、台湾低脚種、スイカパパイヤ、ガーナ1号等固有の品種が導入され、品質が優れていたため栽培に希望が持たれた。しかし、昭和四四年頃には与論島ではアブラムシ伝染性のウイルス病（パパイヤリングスポットウイルスPRSV）のために全滅状態になった。ウイルス病は島伝いに北上し、その後奄美群島ではパパイヤの経済栽培は不可能になった。しかし、野生（あるいは在来）の罹病パパイヤを除

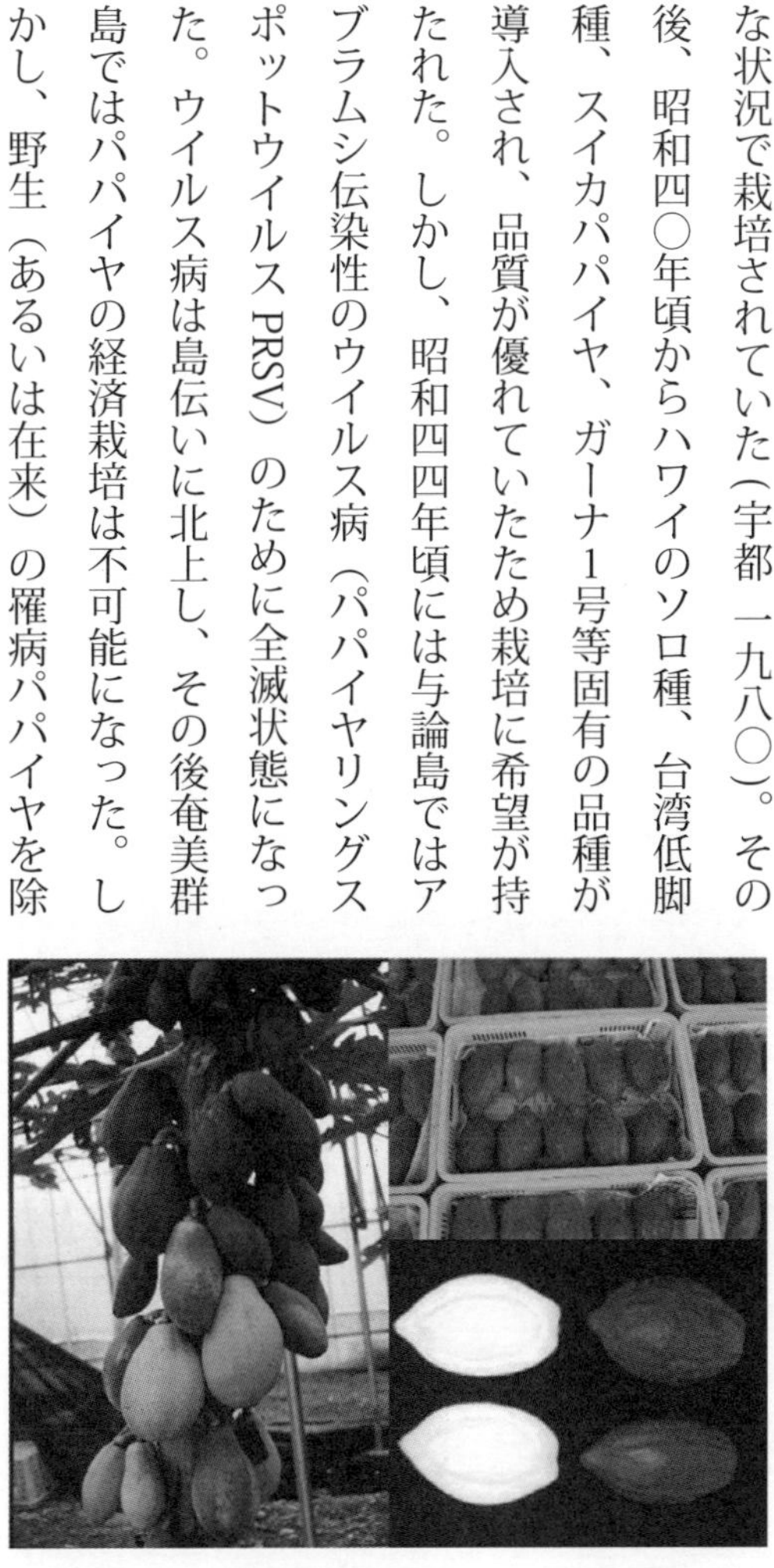

写真19　島嶼部におけるパパイヤ栽培
（左：くだもの用、右上：青パパイヤ、
右下：青パパイヤ断面
（単為結果して種子は無い））

去し、無病の種子あるいは成長点培養苗を植え付け、簡易ハウスで栽培し、媒介昆虫のアブラムシの侵入を防ぎ、剪定用具の使い回しをしないことによってウイルス病の感染を防止できるので、無病苗を用いることによって完熟した果実を果物用として出荷する栽培が行われてきた。パパイヤは成長が極めて早く短期間でハウスの天井まで届いてしまうことから、矮性のワンダー系や「石垣珊瑚」（二〇〇六年、国際農林水産業研究センター（JIRCAS）が登録）などが育成された。その頃のパパイヤは完熟した果実を果物用として出荷する用途がほとんどであった。

沖縄では、従前から成熟前の青パパイヤを野菜用として利用してきた。青パパイヤにはパパインというタンパク分解酵素が多量に含まれ（完熟パパイヤにはゼロである）、健康に良いことから、近年では、沖縄県に続いて、奄美群島でも、野菜用の青パパイヤ（写真19、右）の生産が急速に増加している。奄美群島では平成二五年に九・一ヘクタール、一十八・三トンであった生産が平成二七年には二〇・三ヘクタール、八七・九トンに拡大している。奄美群島内各市町村の平成二七年の栽培面積は瀬戸内町で六・五ヘクタール、徳之島町で六ヘクタール、奄美市で二・五ヘクタール、天城町で二・三ヘクタールとなっている。特に、徳之島町では平成二五年にはゼロであったのが六ヘクタールに急増した。奄美群島における青パパイヤの栽培品種は完熟・果物用と同じ「ベニテング」、「レッドレディ」、「ワンダーフレアー」、「石垣珊瑚」が主体であるが、従前から分布している在来系も栽培されている。青果用の完熟パパイヤは果実の成熟・着色に日数を要することからビニルハウス栽培が主体であるが（写真19、左）、野菜用の青パパイヤは成長が早く植え付けた年に収穫できることから露地栽培が基本であり、台風被害（パパイヤは葉が広く、葉柄が長いために強風に極めて弱い）や在来系からのウイルス病伝染、病虫害防除が大きな問題となる。パパイヤの繁殖は種子、接ぎ木、挿し木で可能であるが、パパイヤで最も重要なウイルス病の伝染防止のために種子繁殖が多い。

種子繁殖した実生は雄株、雌株と両性株が出現し、圃場では開花するまで雌雄、両性の区別ができないことや放任すると交雑しやすく変異が出ることから、最近では成長点培養による大量増殖法も行われるようになった。成長点培養では形質は安定して受け継がれることから優良系統は培養で繁殖することが多い。パパイヤは草本性で頂芽が非常に優性に伸長し、腋芽は出にくく、花は葉腋に着生・結実し、ハウス栽培ではすぐに天井に着くことから、高木性の品種では株を横倒して斜めに伸長させる栽培方法がとられたり、矮性の品種が栽培されたりしている。また、太くなった株を途中で切除し、腋芽を発芽させ、数年栽培する方法などが行われるようになった。

19　ドラゴンフルーツ（ピタヤ、*Hylocereus* spp. 写真20）

中米~南米原産の柱サボテンの一種で「月下美人」の仲間であり、非常に作りやすい果樹である。「果皮と果肉」がそれぞれ、赤色・赤肉（*Hylocereus costaricensis*）、赤色・白肉（*Hylocereus undatus*）、赤色・ピンク肉などの品種がある。果皮にトゲが多い黄色・白肉（*Selenicereus megalanthus*）は属が異なる。我が国へには沖縄の農家が台湾から導入したものと考えられる。鹿児島県では徳之島に平成一三年に導入されており、近隣の島々にも広がった。平成二六年の栽培面積は奄美市が四・八ヘクタール、龍郷町で二ヘクタール、天城町で一・七ヘクタールである。我が国での栽培が多い赤色・白肉種および赤色・赤肉腫の両方とも果実糖度が低く、糖度の高い優良系統の育成や高品質果実生産のための栽培方法の確立が急務であるが、なかなかうまくいっていない。ピタヤは長日植物であり、冬季には生産しにくい。ピタヤが乾燥地帯で生育するサボテンの仲間であることから高品質果実の生産は難し

写真20　奄美大島におけるドラゴンフルーツ（ピタヤ）のポット栽培（奄美市）

く、ピタヤの栽培の急増は難しいものと思われる。なお、奄美群島におけるピタヤの栽培は露地栽培が主体であったが、最近では台風被害防止や開花・結実促進および果実品質向上を目的としてポット栽培も行われるようになっている。

20　アテモヤ（*Annona atemoya* hort., *Annona squamosa* L. × *Annona cherimolia* Lam. 写真21）

熱帯性気候に適したバンレイシ（釈迦頭）と暖温帯性気候に適したチェリモヤ（安定的な開花・結実にはやや低温が必要）を掛け合わせフロリダで育成された品種である。Atemoya という名前はバンレイシ（釈迦頭）のブラジルでの呼び名アテ（Ate）とチェリモヤ（Cherimoya）のモヤから付けられた。甘味だけのバンレイシに比べて程よい酸味と芳香を兼ね備えているため、「森のアイスクリーム」とか「カスタードアップル」

写真21　奄美大島におけるアテモヤ栽培（与論町）

と呼ばれ、近年急に人気が出てきた果樹である。アテモヤは自家和合性の果樹であるが、雌蕊先熟性の雌雄異熟であり、安定的な結実を得るためには人工授粉を行うことが望ましい。しかし、奄美群島で最も栽培面積が多い与論島では人工授粉しなくても結実するという。アテモヤは夏季剪定を行っても、高温で花芽分化し、剪定後一斉発芽し、約三五日後開花し、その後一五〇日程度で成熟し、収穫可能である。収穫時は果実が固くデンプン含量が多いが、収穫後二〇〜二十五度の室温で追熟しデンプンが糖に分解され、糖度二〇度以上の甘い果実になる。

アテモヤの主産地は鹿児島県で、平成二六年には与論町で一・三ヘクタール、徳之島町で一ヘクタールの栽培があり、先述のような上品で高い糖度であることから、奄美群島の特産化を目指して、徐々に増殖されている。アテモヤの外見はバンレイシ（釈迦頭）に似ているが、バンレイシは表面の凹凸がうろこ状に剥がれ易いのに比べて、アテモヤの皮は一枚に繋がっている。しかし、品種にもよるが、果皮がスムースなチェリモヤに比べて果面の凹凸は大きく、輸送中の傷の原因になりやすい。また、緑色の果皮は熟してもやや黄緑色に変化するだけであり、完熟期の判別が困難であることも欠点である。アテモヤの主要品種は、「ジェフナー」、「ピンクスマンモス」、「アフリカンプライド」、「ヒラリーホワイト」などである。

21　パイナップル（*Ananas comosus* (L.) Merr. 写真22）

熱帯アメリカ（ブラジル南部、アルゼンチン北部、パラグアイにまたがる南緯一五～三〇度、西緯四〇～六〇度に囲まれた地域）原産のパイナップル科（*Bromeliaceae*）、アナナス属（*Ananas*）の植物である。主要栽培品種のスムースカイエン種は、台湾から沖縄県に明治元年頃に導入されたと言われる（宇都　一九八〇）。沖縄県では戦後、石垣島で昭和二一年から、沖縄本島で昭和二七年から缶詰用のパイン栽培が再開され、その後パイン生産は急増し、一九六〇年にはサトウキビと並ぶ二大基幹作物として、沖縄の経済を支えるまでに成長したが、一九九〇年のパイン缶詰の輸入自由化により沖縄のパイン産業は大打撃を受けた。

　鹿児島県への導入は定かでは無いが、大正一～二年に鹿児島高等農林学校長玉利喜造氏がマレーからサラワク種を導入し、中種子町の赤崎仁助氏に栽培を託し、その栽培は太平洋戦

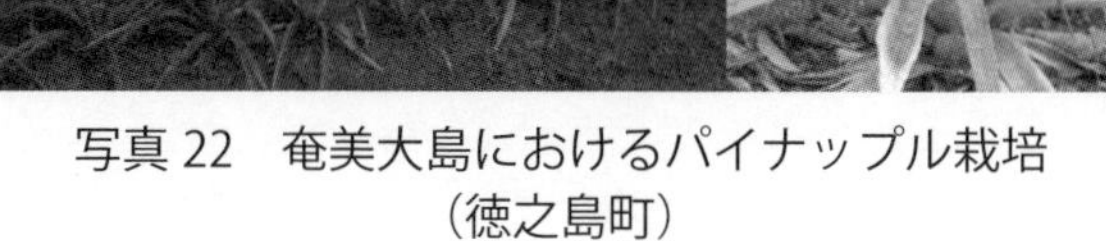

写真22　奄美大島におけるパイナップル栽培
（徳之島町）

争後まで続いていたという記録がある。奄美大島では戦前から戦後にかけて、在来種が瀬戸内町を中心に栽培されていた模様であるが、どの程度の栽培面積があったのかは不明である（宇都一九八〇）。

奄美大島が日本へ復帰した後の昭和二九〜三〇年に台湾やフィリッピンからスムースカイエン種が導入され、栽培が広まっていった。その後、昭和三六年頃、パイン会社が沖縄からスムースカイエン種の優良系統を導入し、県の奨励もあって奄美本島や徳之島でパイン工場も設置され、栽培面積がおおよそ一〇〇ヘクタールに達し、パイナップル産業が大きく発展しそうにみえた。しかし、我が国では温暖な奄美群島であってもパイナップルの生育にとっては北限に近く、産業化は失敗した（宇都一九八〇）。

今日では、沖縄県では輸入パイナップルに比べて高糖・低酸で高品質な生食用の完熟生果パイン作りが主力となっており、沖縄県農業試験場で育成した「N67―10」が主流品種であり、「ボゴール（スナックパイン）」、「ソフトタッチ（ピーチパイン・ミルクパイン）」、「ゴールドバレル（沖縄8号）」などが栽培されている。我が国のパイナップル生産量は九九・九パーセントが沖縄県であり、鹿児島県の平成二六年度の栽培面積二・三ヘクタール、生産量は九・八トンであり、徳之島町で最も多い一・二ヘクタール、七トンであったが、品種名ははっきりしない。

22　グアバ（バンジロウ、*Psidium guajava* L. 写真23）

フトモモ科グアバ属の植物で、メキシコからペルーおよびブラジルにかけての熱帯アメリカの原産である。独特の強い風味とビタミンC含量が高いことが特徴である。我が国への導入時期は明確でないが、明治中期以前には琉球列島に入ったとされ、奄美大島には大正初期には野生状態のものがあったといわれる。昭和二一年には鹿児島高等農林学校卒業生がフィリピンから種子を持ち帰り、指宿に播き、これから洋梨型と赤肉型が発生し、これらの品質が良かったので、周辺に広がった（宇都一九八〇）。先述のように、奄美大島では野生化したものが散在していたとされるが、この果実をミカンコミバエが好む関係から一時淘汰された。一方、昭和四九年には、鹿児島大学農学部の大畑教授と伊藤教授がグアバ果汁産業を目指して、世界各地から集めた中から大果でビタミンC含量が高い系統を奄美大島に導入した。しかし、グアバ果実はペクチン含量が高く、搾汁が困難であり、産業化

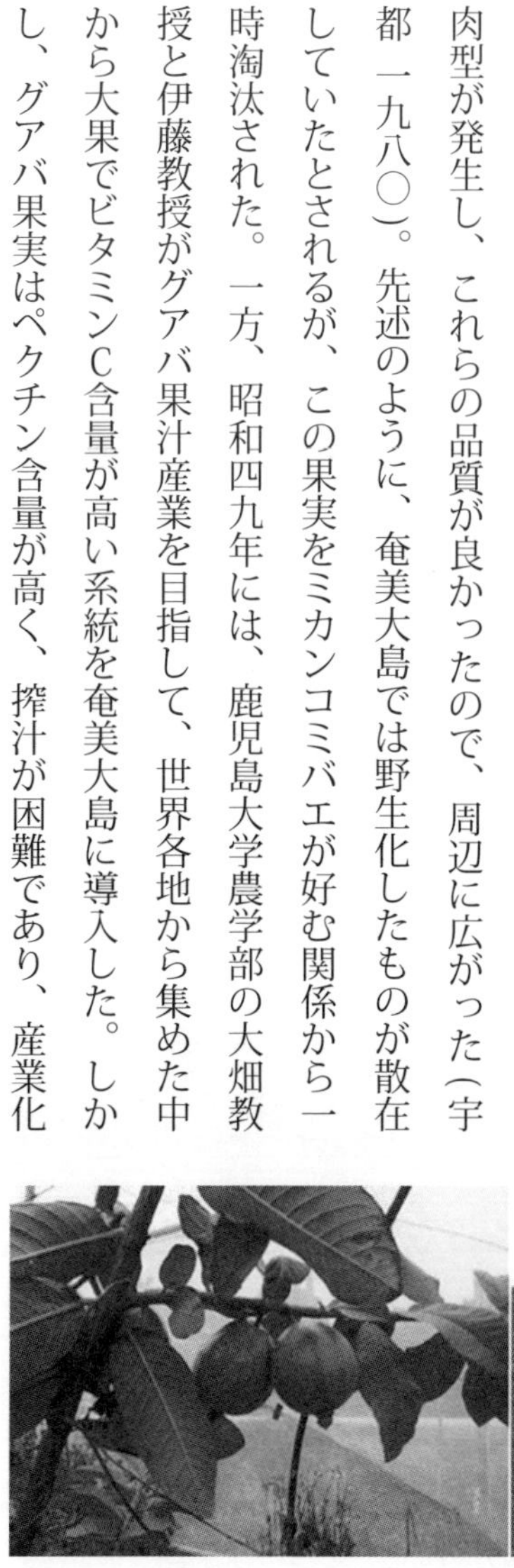

写真23　グアバの結実状況と果実

には至らなかった。その後、それらの葉をお茶（蕃爽麗茶、グアバ茶）にする計画が持ち上がり、笠利町に加工場まで建設されたが、結局頓挫した。現在では、奄美市でグアバ茶用の栽培が散在するだけになっている。グアバ茶用の樹体は強靭で、放任状態でも良く結実するが、果実の利用はほとんどされていない。むしろ、グアバ茶用の樹の落下果実を圃場内に放任することでミカンコミバエの寄生・繁殖が危惧され、果実の圃場からの除去が需要である。

23　アボカド（*Persea Americana* Mill. 写真24）

クスノキ科ワニナシ属の植物で、原産地は中央アメリカ（コロンビア、エクアドル）およびメキシコ南部とされ、世界的には栽培の歴史は古い。アボカドには、原産地が異なる三系統があり、系統によって果実の大きさや耐寒性が異なる。「メキシコ系」は耐寒性が強く（マイナス六度でやや被害を受ける）、開花は早くて六～八ヶ月で収穫可能な早生であるが小果である。「グアテマラ系」は耐寒性が中（一四・五度で被害が大）程度で、小～中程度の果実である。「西インド諸島系」は耐寒性が弱く（一二・二度で被害が大）、果実は中～大である。

アボカドは我が国には大正時代から昭和初期・戦後にかけて、鹿児島、愛媛、高知、和歌山県や静岡県南部に導入されたが、結実性や耐寒性や耐強風性等の問題から経済栽培は定着せずに、散在しているのみである。

　アボカドは両性花であるが、雌雄異熟であり雌蕊が午前中に活動し、雄蘂が翌日の午後に活動するAタイプと雌蕊が午後に活動し、雄蘂が翌日午前に活動するBタイプとがあり、AタイプとBタイプの両品種を混色する必要がある。アボカドは脂質に富み、ビタミンEの含量が高いことから主にメキシコからハス種（グアテマラ系）を中心に輸入が急増している。そのため、我が国においても暖地を中心に再び栽培への期待感が増加している。ハス種は耐寒性が弱く、肉質もやや劣ることから、「フェルテ（グアテマラ×メキシコ系）」、「ベーコン（メキシコ系）」、「スタノ（メキシコ系実生）」、「ピンカートン（グアテマラ系）」などの肉質が良好な品種を耐寒性・耐病性の強いメキシコ系の品種（「メキシコラ」など）の実生台に接ぎ木した苗を植栽することが多い。奄美大島でも、近年露地栽培が試みられているが。結実まで六～七年を要することからまだ十分な結実を確認できていない。

写真24　奄美大島におけるアボカドの試作（奄美市）

24　ゴレンシ（スターフルーツ、*Averrhoa carambola* L. 写真25）

マレー半島の原産であり、ビタミンCを多量に含有するが、シュウ酸カルシウムの含有量も多く、未熟果実や品種によっては舌を刺すような味がする。輪切りにすると五角形の星形であり、和名は五斂子と記載される。この五角形がきれいであることからサラダなどに利用される。最近は糖度が高い品種も見つけられている。ゴレンシの開花期は初夏からである。異花柱性（長花柱花、短花柱花）であり、自家不和合性があると言われる。奄美大島での栽培はほとんど無い。

写真25　ゴレンシ（スターフルーツ）

25　ライチ（*Litchi chinensis* Sonn 写真26）

中国南部の原産といわれ、玄宗皇帝妃の楊貴妃が好んだというので有名である。ライチの鹿児島県への導入は文化年間（一八〇四～一八一七）島津藩主の命により、津崎仁蔵氏が佐多町伊座敷に植えたのか始まりで、その後天保年間（一八二〇～一八四三）にも二本を植えたとされている（宇都 一九八〇）。佐多町の島津藩旧薬草園には樹齢一〇〇年前後の大木もあり、うっそうと繁っている。ライチは導入以来徐々に佐多町内に広がっていたが、昭和四〇年代になって栽培面積は拡大した。その後、昭和四七年頃から屋久島、種子島、奄美大島でも新植された。現在、奄美大島での栽培はほとんど無い。

26　スモモ（ガラリ、花螺李、*Purunus salicina* Ehrh. 写真27）

先述のようにスモモは、一般には温帯性落葉果樹に分類され、熱帯・亜熱帯果樹としては扱われていないが、ガラリ（花螺李）は熱帯原産といわれ、台湾から導入され、奄美大島の特産品になっている。平成二六年の奄美大島の栽培面積は六六・九ヘクタール、生産量は一五六・八トンであり、大和村が三七・〇ヘクタール、六〇・〇トン、奄美市が二一・八ヘクタール、八八・六トンとなっている。大和村の生産量が低いのは平成二二年一〇月の奄美豪雨で山際にあるガラリ園が大被害を受け、その後、改植・新植がなされたためである。

写真26　ライチ（左：樹内結実状況、右：果実断面）

　本種の鹿児島県への導入は、昭和一〇年に名瀬にあった県立糖業講習所（現在の鹿児島県農業開発総合センター大島支場）の農林技師牧義森氏が台湾から苗木を導入し、翌年（昭和一一年）当時の助手大山久義氏が自宅の畑に植えたのが本格的普及の始まりであり、これが昭和一四年に初結実し、周辺に広まったと言われている（宇都 一九八〇）。さらに、昭和二〇年代の中期から奄美大島本島から徳之島や沖永良部島などへも普及したが、奄美大島が日本復帰した昭和二九年頃から消費が振るわず、価格が不安定になり栽培が伸び悩んだ。その後、日本各地に出荷が拡大し、一時は一〇〇ヘクタールまで栽培が拡大したが、先述の平成二二年奄美豪雨後に減少し、現在では奄美市、大和村に加え、瀬戸内町、龍郷町の大島本島だけが栽培地として残っている。

　ガラリの果実は四〇グラム程度と小ぶりである。完熟した果実は黒紫色の果皮と柔らかい果肉をしており、甘酸のバランスが良く美味しいが、吸蛾類などの被害が甚大で、一般的には果肉が固いうちに収穫するために、酸味が強く、生食よりは果実酒やシロップ漬けなどへの重要が多い。果実の大きさが加工用を含めた消費拡大の阻害要因になっており、大

写真 27　奄美大島におけるスモモ（ガラリ）の栽培（大和村）

果系が発見され、栽培されるようになっている。

Ⅴ　気候温暖化と果樹の栽培

気候温暖化とは、地球の平均気温が高くなることであるが、その程度は北半球で大きく、季節的にみると、七～九月の夏季の気温に比べて一一～三月の秋冬季の平均気温が高くなる。さらに、気候温暖化によって豪雨が発生し、一方では熱波・乾燥が世界各地で発生することなどが大きな特徴である。

農作物の栽培が気象条件の影響によって大きく左右されることから、気候温暖化は全ての農作物の生産に影響する。例えば、イネでは乳白米や胴割れ米の発生、病害虫被害の甚大化、野菜ではトマトの着色不良やイチゴの品質低下、花卉ではトルコギキョウの開花遅延などに影響すると言われているが、イネ、野菜、花卉では作期の変更などである程度の対策が可能であるが、果樹は永年性作物であり、一度植え付けたら、植え替えがなかなかできないことから、温暖化の影響が最も大きいと言われている。

また、鹿児島県は南北に六〇〇キロメートルと長く、気温の南北間差異が大きいことから、温帯性落葉果樹の経済栽培の南限、常緑性熱帯・亜熱帯果樹の経済栽培の北限であり、秋冬季が温暖に過ぎることによるナシの発芽・開花不良（眠り病）」（前述Ⅳ-３参照）やブドウの「着色不良」（先述Ⅳ-２参照）などは先に述べたとおりである。カンキツ類における「日焼け」、「浮き皮」、「病害虫発生の多発」、「果皮の着色不良」などの果実品質不良（写真28）、集中豪雨による園地崩壊（写真29）、冬季の急激な気温低下による凍害の甚大化（写真30）などの様々な温暖化の悪影響を受けやすいと言われており、他県に比べて果樹栽培には細心の注意が必要である。

以上、鹿児島県においては他の県に比べて温帯性落葉果樹から常緑性熱帯果樹まで多様な果樹の栽培が可能である。特に、奄美群島は秋冬季が温暖であり、古くから台湾・中国・東南アジアとの交流が盛んな沖縄県のすぐ北にあることから、昔から熱帯・亜熱帯果樹の導入・試作が行われ、特産果樹として一定の生産が行われているものも多い。また、近年の温暖化の中で、これまで以上に熱帯・亜熱帯果樹の産業化に期待がもたれるようになっている。しかし、果樹は累積的な成長を行う永年性

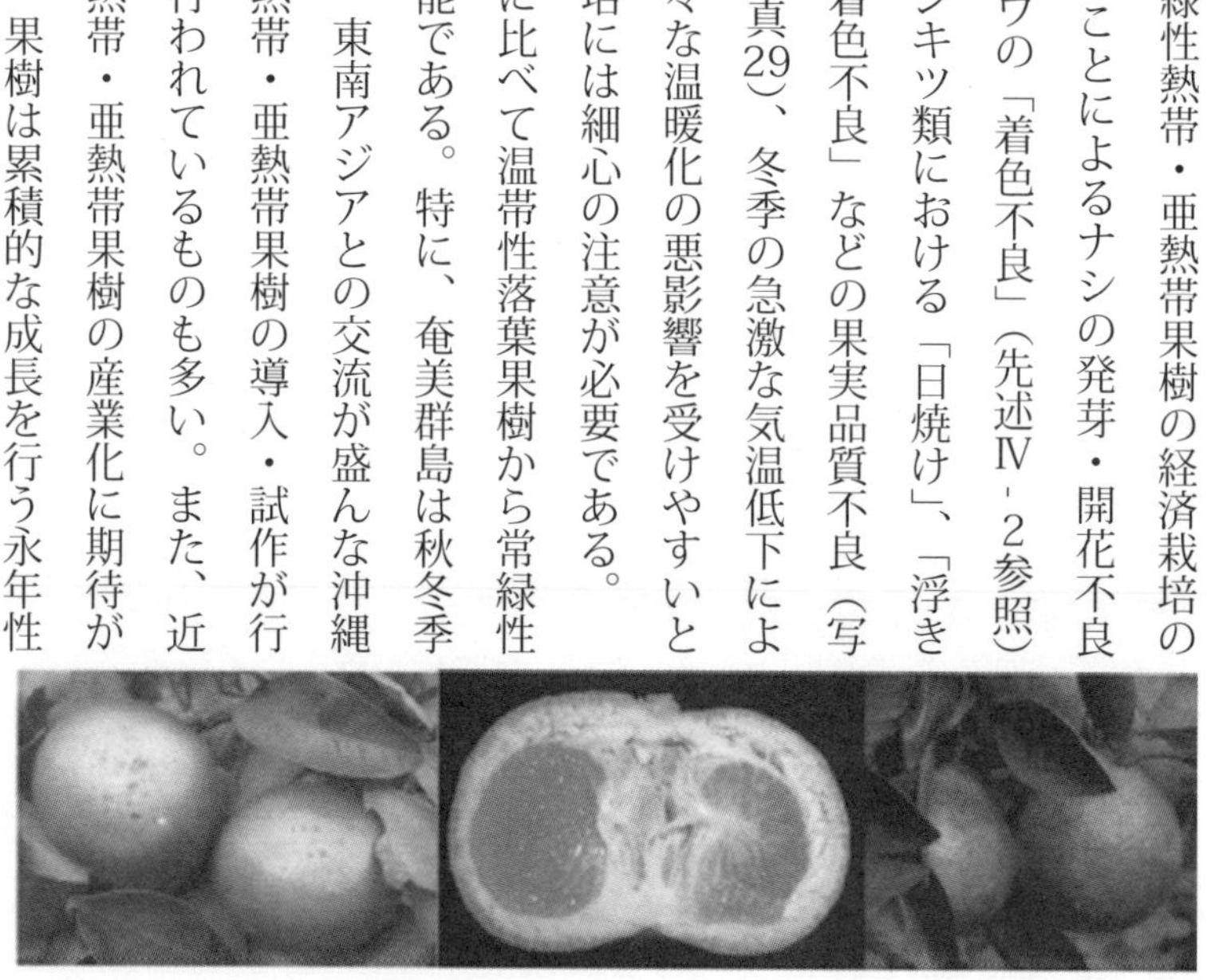

写真28　気候温暖化で発生するカンキツ類の障害
（左から、日焼け、浮き皮、リュウキュウミカンサビダニの被害）

写真 29　奄美大島における集中豪雨によるカンキツ園の崩壊
(平成 22 年 10 月 22 日)

写真 30　気候温暖化条件での不意の低温による凍害
(平成 28 年 1 月 24-25 日、
写真上左 ; ビワ幼果、右 : タンカン、下左 : ライチ、右 : アボカド)

作物であり、草本性のパッションフルーツやパパイヤなどを除いて、ひとたび植え付ければ開花・結実・収穫まで長い年数を要する。また、温暖化が進んでいる中では、豪雨、寒波など極端な気候変動現象も顕著になっている。そのような極端な気象変動に一回でも遭遇すると大きなダメージを受ける。従って、導入・試作から経済栽培を目指すには、適地適作と基本的な栽培管理を行うこと、大きなダメージを避ける栽培手法を採用し、コストパフォーマンスを基本にした考え方が重要である。加えて、熱帯・亜熱帯果樹は我が国の消費者にとっては珍しい（新しい）食材であることから、生果・加工品など食べ方の普及も重要な要因となる。そのような点を十分考慮して、多様で温暖な気象条件を活かすことができるような果樹の導入・栽培を望みたい。

Ⅵ　参考文献

石畑清武「日本に導入されている熱帯・亜熱帯果樹」熱帯農業、四六、二〇二―二一二、二〇〇二。

宇都文男「熱帯果樹の導入と育種について」熱帯農業、二四、八一―八九、一九八〇。

金浜耕基編『果樹園芸学』文永堂出版、二〇一五。

刊行の辞

鹿児島大学は、本土最南端に位置する総合大学として、伝統的に南方地域に深い学問的関心を抱き続けてきており、多くの研究により成果あげてきました。そのような伝統を基に、国際島嶼教育研究センターは鹿児島大学憲章に基づき、「鹿児島県島嶼域~アジア・太平洋島嶼域」における鹿児島大学の教育および研究戦略のコアとしての役割を果たす施設とし、将来的には、国内外の教育・研究者が集結可能で情報発信力のある全国共同利用・共同研究施設としての発展を目指しています。

国際島嶼教育研究センターの歴史の始まりは、昭和五六年から七年間存続した南方海域研究センターで、その後昭和六三年から十年間存続した南太平洋海域研究センター、そして平成一〇年から十二年間存続した多島圏研究センターです。平成二二年四月に多島圏研究センターから改組され、現在、国際島嶼教育研究センターとして鹿児島県島嶼からアジア太平洋島嶼部を対象に教育研究を行なっている組織です。

鹿児島県島嶼を含むアジア太平洋島嶼部では、現在、環境問題、環境保全、領土問題、持続的発展など多岐にわたる課題や問題が多く存在します。国際島嶼教育研究センターは、このような問題にたいして、文理融合的かつ分野横断的なアプローチで教育・研究を推進してきました。現在までの多くの成果を学問分野での発展のために貢献してきましたが、今後は高校生、大学生などの将来の人材への育成や一般の方への知の還元をめざしていきたいと考えています。この目的への第一歩として鹿児島大学島嶼研ブックレットの出版という形で、本目的を目指せたらと考えています。本ブックレットが多くの方の手元に届き、島嶼の発展の一翼を担えれば幸いです。

二〇一五年三月

国際島嶼教育研究センター長

河合　渓

冨永　茂人（とみなが　しげと）

［著者略歴］

1949 年生まれ
1975 年　鹿児島大学大学院農学研究科（修士課程）農学専攻修了
1975 年　農林省四国農業試験場土地利用部研究員
1981 年　農林水産省果樹試験場興津支場研究員
1983 年　鹿児島大学農学部講師
1989 年　鹿児島大学農学部助教授
1998 年　鹿児島大学農学部教授
2015 年　鹿児島大学農学部定年退職・名誉教授・かごしま COC センター特任教授
専門：果樹園芸学、果樹栽培学、島嶼農業、果樹環境論

［主要著書］

『柑橘類』（2015 年「果樹園芸学」p.23-58 文永堂出版）
『鹿児島県島嶼域の農業 - 屋久島と奄美群島の果樹産業を中心にして -』
（2016 年「鹿児島の島々ー文化と社会・産業・自然ー157-167　南方新社」
『Agriculture in the Islands of Kagoshima-Special Reference to Fruit Production in the Yakushima and Amami Islantds-』（2013 年 The Islands of Kagoshima, KURCPI）

鹿児島大学島嶼研ブックレット　No.9

鹿児島の果樹園芸ー南北六〇〇キロメートルの多様な気象条件下でー

2018 年 3 月 31 日　第 1 版第 1 刷発行

著　者　冨永　茂人
発行者　鹿児島大学国際島嶼教育研究センター
発行所　北斗書房
〒132-0024　東京都江戸川区一之江 8 の 3 の 2（MM ビル）
電話 03-3674-5241　FAX03-3674-5244
URL　Http//www.gyokyo.co.jp

定価は表紙に表示してあります

ISBN978-4-89290-046-4 C0040